无独有偶

L O C U S & O R D E R

场所与秩序的考量

章俊华 著

中国建筑工业出版社

图书在版编目（CIP）数据

无独有偶——场所与秩序的考量／章俊华著．—北京：中国建筑工业出版社，2017.11
ISBN 978-7-112-21154-8

Ⅰ．①无… Ⅱ．①章… Ⅲ．①景观设计－文集 Ⅳ．①TU986.2-53

中国版本图书馆CIP数据核字（2017）第211965号

责任编辑：杜　洁　兰丽婷
责任校对：王宇枢　焦　乐

无独有偶——场所与秩序的考量
章俊华　著
*
中国建筑工业出版社出版、发行（北京海淀三里河路9号）
各地新华书店、建筑书店经销
北京锋尚制版有限公司制版
北京中科印刷有限公司印刷
*
开本：880×1230毫米　1/32　印张：7¼　字数：253千字
2018年1月第一版　2018年1月第一次印刷
定价：58.00元
ISBN 978－7－112－21154－8
（30752）

写在前面的话

当第一次看到设计场地时，有人会失望“怎么是这样一块地呢？和原来的想象完全不同……”也有人会惊喜，而大部分的情况也许都是面无表情。其实场地对于每一位设计师来说都应该算是刚刚出生的婴儿，尽全力的呵护源于人类的本能，如何解读场地的特质，是设计决策过程中的首要环节。

本书中选入的三个作品，中海油总部研发中心的现场只留有过道宽的空间，也不存在所谓的原有场所的特质，要想找出与场地本身的关系，似乎太过牵强，唯一可以做的事情就是“借”建筑的力量，这对于已经习惯了自我表达的景观设计师来说也许是一种苦涩的选择。有时候这种“自尊”阻碍了很多极富才华的设计师的成长和发展。就“自尊”本身来说也是缺乏自信的一种常规表现。瑞丰葡萄酒庄的作品也没有把场地的特质作为设计灵感的源泉，取而代之的是葡萄种植这一主角的有形化处理，这里并没有过多地刻画每个单体的形态，更无须去在意它的尽善尽美，而只是让每个单体去完成生产型绿地单调而又机械的无休止的重复，一个看似毫无创意的生产小单元，演变成巨大能量的集合体，以量取胜，以小胜大。拜城中央公园则与上两个作品完全不同，是彻头彻尾地解读场地的特质。承载了场地固有的肌理，营造了场所的新旧秩序。作品中没有刻意地追求空间塑造，也没有采用经典成熟的空间表现手法，做的只是场地肌理的继承与延续，也无须任何意义上的过渡修饰，这种直白且略显初级的表述却成为敲开心灵的试金石。所以说每个作品都存在决策的过程体系，哪怕是一瞬间跳跃的思维，都将奠定作品的风格和取向。中海油总部研发中心的“借”是希望与场地中的建筑找关系，或者说成为不相矛盾的一个有机体。瑞丰葡萄酒庄则是不考虑周边及场地自身的条件或者是放弃，也可以说是选择更能突出作品特征的葡萄种植这一点作为中心，无中生有地创造出场地的一种新秩序和构成的自我表现。拜城中央公园并没采用上面两种方式，而希望在场地中的所作所为仅仅是在完成呼应周边形态肌理的空间创作。从“借”到“自我为中心的表现”，再到“基地的延续”，每一个决策均诞生了与原有场地无独有偶的关系。“借”表面上是有点无奈的选择，其实遵循了共赢的真理，退一步海阔天空。“自我为中心的表现”总感觉有些蛮横无理，带有粗暴强迫之举，也许敲响了人类中心主义的警钟。“基地的延续”虽感觉像毫无创意的老套路，轻而易举之中却隐藏着无形的挑战。我们希望说明的是，任何的创作，最终的目标只要求与原有场地相辅相成，同时又能成为积极意义上的升级版，诠释场所与秩序的考量。

与上两本书相同，在三个作品之前安排了“陋言拙语”的部分，同样收录了15篇短文，它是作者生活态度的一种折射，设计师最怕的就是没有想法。而没有思想的人又何从去演变出“想法”。它不会从天而降，只有点滴的耕耘才会迎来开花结果。开场白本应通俗易懂，但似乎有些事与愿违，都说最好的文章也是最容易读懂的文章，不是不想写明白，而是写不太明白，因为自己都还没太想明白。

章俊华

2017年4月于松户

目 录

Part 1 陋言拙语

Part 2 吾人小作

1

陋言拙语

真能成仙吗?

2007年初，正值厦门青年风景师园做方案时，有幸与吉村纯一先生（PLACEMEDIA的首席设计师，多摩美术大学教授）谈设计风格。吉村先生在日本一直就是以结合传统自然理念和手法创造现代作品著称的设计师之一，大学毕业后就师从当时最著名的作家铃木先生修行多年，直到1990年代与另外三位设计师（宫城、吉田、山根）共同组建了PLACEMEDIA，这是日本最具代表性的合伙人设计事务所之一，与“凤”，“Studio On Site”等设计事务所开创了20世纪90年代日本景观界的新格局。

我在这之前协助吉村先生做过龙湖西苑的项目，深知他对项目理解的准确性及作为一名设计师极高的专业素养。在他很多作品中用的石材均来自中国福建，有时他要亲自去现场挑石材，所以去厦门都已经有10余次了，对中国的情况也有一定的直观感受。我问他对中国设计师的作品印象如何？他很明确地说十分具有中国特色（当然这也包括传统和现代特色）等不痛不痒的话，总体上还是积极在评述中国的设计同行们。深知日本人一般不会当面批评对方，所以找了一个较有争议的作品让他谈谈看法，首先他很直白地说：这位设计师很大胆，全然不顾及植被一年的四季变化，也不考虑日后养护管理的问题及作品的持久性，完全超出了常人的思维方式，一定是位成了“仙”的设计大师……。我看得出他的话好像还没说完，更准确地说，应该是这位设计师要不就是成了“仙”，要不就是什么都不懂的“外行”。

这次他在厦门是用一首中国的唐诗《梦天》（李贺作）做的一个庭园，我们从一开始就一直跟他参与这个项目。他首先问：是不是一个永久的庭园？我说与其他园博会不一样，闭幕后也将永久保留下去。这样他从一开始就已确定此庭园是永久性的，而且日后也是不需要太管理的庭园。最终方案采用9棵桂花（月亮之子），1个石台（赏月台），66个石杯（映月杯），数不尽的黄金锈石块（九州大地）……。真的做了一个几乎不太用管理的庭园。试想在厦门这个地方，只要桂花能够成活，几年无人问津，也不会有问题。

这个作品给我们一个启示：无论是怎样的设计，不考虑建成后的状况，是不太现实的。不过我也经常对学生们说：你们做设计什么都不要有顾虑，只要把你最想表现的东西表现出来就行了，如果学生们做得像事务所一样面面俱到的话，就失去了意思。在这种不受任何束缚，又没有太多专业规范上的所谓“条条框框”的限制，有可能成“小仙”。而对那些一线的设计师来说，那就是成“大仙”。应该承认，有时我们的专业教育，从某种程度上限制了学生的思维，使其在日后的创作中，很难跨越这些“领域”和“界限”，最突出的问题是作品被条条框框所束缚，完全缺失内在的活力！反之那些相关专业或者非专业的设计师却能在这方面表现得很出色，究其原因，不得其解，也许是规避了大部分不相关的要素，是无意中的巧合，或者说是由于了解不全面所以只做知道的部分。实际上完成了一个大部分设计师都未能很好完成的、一个不可缺少的再提炼再简化的过程。难道非主流会成为主流吗？最好还是别开这个玩笑，因为设计师是一个神圣的职业。

出版

记得还是在清华大学刚刚任教的时候，有几位学生一起问过这样的问题："我们在做设计前，老师都让我们去现场调查，但是我们不知应该怎样去现场调查？调查的数据不知怎样去分析？"我说："你们可以用SD法进行视觉景观评价，再用因子分析法去评判自然景物间的关系和属性。也可以用交叉集算法统计不同年龄层的关联性，用多重比较法判断数值上的差异在统计学上是否有意义。用线性规划法、AHP法寻找最适解的答案，用主要成分分析法找出不同变数中的共通特性……。"看着几位学生十分茫然的表情，突然意识到规划设计专业的学生对这些知识还一点没有概念，并不是说这些知识有多么高深，而是缺乏或几乎没有接受过这方面的基础教育。对于这些极为优秀的学生来说，只要稍做说明解释，他们就会很快地掌握这些方法。由此萌发了一定要完成《规划设计学中的调查分析与实践》这本入门书的出版工作。当初感到这个决定是多么"简单"、"爽快"。但是实际做起来，却是困难重重，前后历时六年之久，加上前期已发表的分析法，可以说已是近十年的工夫。期间经历了1990年代末期开始的全国性绿地建设的新浪潮。当然也不例外，我毫不犹豫地投入到这股"浪潮"中。原本教育、研究是我们当教师的本职工作，但很多时间却将它作为副业来干，真是很可悲。自己也曾经多次反省过，不过还是抗不住"向前看"的诱惑！孰人毕竟是孰人，原本2003年9月前完稿的工作，一直拖至2005年。当今这个时代，真正坐下来好好思考，踏踏实实地完成一项真正意义上的理论研究课题在我们规划设计行业中实属不易。写作过程中，一直在努力避免错误的发生，但是一定还有很多问题存在，在此感谢广东汕头的陈惠玲读者对我发表在《中国园林》2003年第5期中“AHP法”提出的计算过程的错误修正。

在日本上学的时候总是回忆在国内读大学时的情景，其中最希望得到的是更多的“自由”时间，可是回国后这种期望却成了“美好”的回忆。自己能做、会做的事是很有限的，但是别人却当你什么都会，很多时候是边学边干，实在是吃了不少“苦”，不过也确实从中学到了很多。相比之下，日本却只能在你自己非常精通的行业内去做自己最大的努力。这本书交稿后本想换一个活的方式，但是没有想到由于“革命”工作需要，又要回到日本千叶大学工作，真是想不通，人只能这样不停地去工作吗？想必一定不是，从事规划设计工作的同行们、学校的教师和研究生们，是否也希望尝试另一种思考及解决问题的方式呢？如果是，但愿上述的分析法能为每位读者提供更有力的帮助。

父母、长辈们常说，你们这一代赶上好时期，多幸福啊！现在真是有些生在“福”中不知“福”的感觉，总是怀念儿时的生活，人们都说人老了才会怀旧，可这对我来说似乎来得太早些了吧！现在的青年人根本无法想象那种没有电视，没有电脑，更谈不上“上网”的生活该是什么样的呢？可以说那是一种朴素、自由、平和的生活。也许我们用一种平和的心态去做每一件事的话，那一定会“收获”更多。

[（引自：《规划设计学中的调查分析法与实践》（2005年）一书中前言与后记的一部分）]

脚气

日本有两种最具有代表性的风土病，一种是“花粉症”、另一种是“脚气”。“花粉症”就不用说了，在来日本两年之后，很“荣幸”地加入了这支庞大的队伍，但是“脚气”却一直未能被正式确诊。有一段时间，脚底微痒，洗完澡后发现在脚底出现了一处小水泡样的红点，原来这就是发痒的根源，后来用了“美克”（联苯苄唑乳膏）涂抹，没过多久就痊愈了。日本的朋友们都说这种病得上后，非常不容易治好，而且很痛苦，严重时甚至会影响正常工作。因为夏季的东京，高温高湿，最适合脚气病毒的繁殖，很多日本人都有过这种经历，像我这种情况，被他们称之为只当了几天的预备军，还未“转正”就光荣退伍了。

事隔了近十年，正值2008年夏季奥运会的单双号限行期间，凡单号只能打车去事务所，也许是打车的人太多，有时要走到小区外的大马路上等近20分钟才能打到车（不像现在可以叫滴滴或者飞滴打的）。有一天正在路边东张西望等车时，不经意看到“陆琴足艺”，不知什么时候在家门口就能做“足疗”了。当晚就迫不及待地去享受了一番，原来刚开业不到两个月，全场五折，看了看价目表原价也不是很贵，再加上五折，连想都不想就点了唯一一位大师（分大师、特级技师和技师三种），先修脚，再按脚（足疗）。大师是位中年男性，十分有风度，确实可称之为大师。他看了看我的脚说：“您的脚不太用修，做做足疗就可以了”。“也好，那请您给我朋友做，再给我叫一位技师按脚吧！找最好的技师来。”没过多久，一位看上去大约有二十七八岁但十分精干的女技师进来，先解释道：“本店的陆琴大师需要提前预约，今天由我为您服务"，当然没问题，就这样迅速进入了程序。

自从这位姑娘进屋后，房间的气氛立刻活跃起来，首先把本店的特色介绍一番，什么陆琴大师是扬州最著名的修脚大师，现在是全国人大代表、劳模、专门给"首长"修脚等等，听得我们半信半疑，事后才知道确有其事，每月均来京为"首长"修脚。本店是她在北京的第二个分店，但是如果真是提前预约的话，想必也很难预约到陆琴大师本人。不过女技师接下来的介绍又让我们大开眼界。她说道：我们的店主项是修脚，可以说是全国最有名的。北京做足疗比做修脚流行，但是在我们扬州，十男中定有九男有"脚气"。只有得了"脚气"，做修脚才算是一种真正的享受，而且扬州男人都会"控制"脚气的轻重，让它什么时候痒就什么时候痒，让它有多痒就有多痒，这样越痒时做修脚就越舒服，这种享受胜过"新婚花烛夜"……。我们越听越入神，居然世上还有这么"爽"的享受，就像一辈子不喝酒的人不知道酒后超然之感。活了一辈子不得一次"脚气"，真正享受一下修脚快乐，似乎代表你的人生不完整。时间很快就过去了，虽然并没有感觉该店的足疗比"良子"等其他地方好到哪儿去，但是迫切希望自己得上"脚气"的愿望更加强烈，而且是越严重越好！这样修脚的效果才会越好！真不想错过人生这一从未体验过的"享受"。

C.B.

现在的孩子是怎样一种情况不太清楚，我小时候的那些年代，一般都有自己的“外号”，在上大学的时候，男女生经常在场下围成一圈练排球，从小除了排球、羽毛球没玩过以外，其他项目基本上都练过一段时间，但是也不知为什么，偏偏从未练过的两项球类在大学里却最为流行。我偶尔也被拉去一起围圈练排球，也许平时经常参加其他运动，爆发力很好，所以扣球时又快又狠，当时正值电视中播放日本动画片“铁臂阿童木”，所以被同学们起了一个外号叫“阿童木”。后来疯狂打桥牌时，与配对伙伴经常争吵，无论是自己对错均能无理搅三分，从不认错，最后被称之为“口条”，等等，但是本文要讲的一个是被叫时间最长的外号。

上小学一年级前和母亲一起从江南小城宜兴来到父亲和哥哥姐姐在的北京，由于当时语言交流上有困难，适应了足足半年时间才去上学，因为还小，很快就学会了“北京普通话”，可母亲直到临终前乡音都未改，同学们去我家时都反映母亲说的话一句也听不懂，好像正宗的家乡宁波话也不会说了，是名副其实的“南腔北调”。据说母亲不到30岁就在宁波当上了某小学的主要领导，后来又一直在宜兴前进小学任校长，到北京后先在北池子某京剧大师的私宅住了一段时间，后搬到了中国京剧院（现解放军艺术学院）里住。为方便照顾家里就在旁边的大钟寺二小（现中国农业科学院附小）上班，一开始教小学高年级语文，后来我也上的是这所学校。据说母亲上课时学生们都不认真“听课”，原因想必是母亲所讲的话，绝对不会有一个学生能够完全听得懂。当然也不可能让这些孩子们还像往常一样，老老实实坐在位子上认真听课。学生每天都像是猜谜语，后来发展到母亲每天用的最多的一句话就是你们怎么这么"随随便便"，但是从母亲嘴中说出时就变成："C.C.B.B."（chi 、chi、bi、bi），久而久之高年级的学生全都知道"C.C.B.B."就是"随随便便"的意思。为此，我一入校就被高年级的学生叫成"C.B."，后来全校无论高年级的学生还是低年级的学生都知道有一个外号叫"C.B."的小男孩。也许是由于言语上的障碍，母亲从教学第一线退下来从事行政管理工作，随后上级主管部门发现母亲无论是工资还是行政级别均比当时的校长还要高，就立刻把母亲调到能管理地区八所小学的北下关中心学区任二把手。但这也并不能全部摆脱言语上的障碍，至少每年夏季和冬季的中心学区全体教职员工大会上总是要作学期工作总结报告。记得很清楚，每到那段时期，母亲就让我在家里一句一句矫正她的发音，这样反复练习到基本上能听懂为止。

虽然这个外号的由来并不是十分理想，但是至今还是非常感谢它，那时不分高年级还是同年级及全校老师们，也许不一定知道我的姓名，但是谁都知道我叫"C.B."，从各方面给予了很多帮助。也使我这个从南方小山沟里来的连普通话都说不好的小孩子，后来成长为一名体育干将。首先是学校的乒乓球代表队员，前两名后来均成为专业或半专业的选手，而我永远只是停留在半业余的水平。到了三四年级又喜欢上足球、田径，尤其喜欢中长跑，参加过海淀区比赛，那时总能听到比赛时的啦啦队在喊"C.B."加油、"C.B."加油。弄得其他学校的啦啦队以为是什么自编的加油口号，也纷纷效仿。

由于从小生在南方长在北方，特别是对江浙一带的语言虽不会讲，但仍可以听懂。记得刚来日本时在语言学校学日语，班上有一半学生来自上海，一开始日本老师讲的日语完全听不懂，但是每个学生都非常认真，连猜带蒙拼命紧跟。时间一长有些跟不上的学生就开始放弃，一上课就在下面用上海话聊天，大家谁都不知道我能听懂上海话，肆无忌惮地海阔天空神聊。这时才真正体会到当年听不懂母亲讲话的孩子们，上起语文课是多么的无聊。可是对于我这位能听得懂上海话的人来说，好不容易刚刚似懂非懂地听明白几句日语，只要有谁一说上海话，两个耳朵就再也进不去日语了。后来跟这些人熟悉了，就半开玩笑半认真地对他们说：学了快半年了，日语没多大长进，但上海话却能听懂了。当初没有一个人相信，试了几句，还都答对了，这让在场的每个人都很诧异！从此后再也未见他们像以前那样毫无顾忌地在课堂中大声讲话了。

本命年

小时候对本命年的概念或者说认识并不是十分注重，留学后对这一认识又更加显得淡薄，可是前几年有一位朋友也不知为什么总是束着红腰带，穿着红袜子，据说内裤内衣也是红色。不禁好奇地问他才知道是本命年“辟邪”用的，当时真有些半信半疑，有这么管用吗?

用中国的一般习惯来讲，将本命年形容为“不测”，最好不要做什么“大动作”，无论事业、生活上都是如此。由于从小就不太相信这套说法，从来也没在本命年时做什么特殊注意，不也好好地活到现在吗? 同属东方的日本深受中国文化的影响，也有12属相和本命年的说法，但是好像与中国的习俗正好相反，不能说是红运高照，也应该是比往年要好。为此我对本命年的习俗一直是采取置之不理的态度，表现出无所谓的样子。

说来也巧，2010年的本命年的第一天正好赶上在乌鲁木齐，朋友正好也是同岁的本命年，约好一起去天山野生动植物保护地去看“虎”。本命年的第一天看“虎”一定能辟邪吧！因为那里有一只非常珍贵的白虎。无论怎样，至少不会是一件坏事。园长是我们的老朋友，从2004年筹划野生动植物保护地起就开始在一起工作，知道我们要来，早早地就在公园门口等候着，我们一行几个人一到就被带到一处新建的蒙古包里，边喝茶边聊天，时间已过了近半小时，也没见任何人提出去看“虎”。属虎的朋友更是热衷于玩麻将，全然不顾急切看虎人的心情。又过了近半个小时，还是没人提出去看虎，大家好像早已把看虎一事忘在九霄云外了。噢，原来大家不会是只借看虎来此小聚的呀……！就在此时，长的真的有点像

“大猩猩”的副园长进来跟大家一一打招呼后，凑到园长身边神秘地小声细语了几句。这时园长话题一转说道：“接下来请大家去看虎”。

我们几位坐上园长的车，向虎舍区开去，可也不知是为什么，车只是从虎舍区旁通过，连停都不停。虽然车速很慢，但根本就没能发现一星半点的老虎影子。最后车子停在一个建筑旁，下车后仔细一看才明白，这不是筹建时的临时办公楼吗，现已完全按照规划改建为兽医院了。此时园长什么也没说，带着我们进了一间屋子。展现在我们面前的是一只正准备进行解剖的死虎，据说前些日子不知什么原因猝死，能如此之近地观察老虎，并可以用手直接触摸老虎的眼睛、鼻子、嘴、耳朵、肚子，特别是俗话说的老虎尾巴摸不得的地方，这回也算是破例了。也许是园长用心良苦，特意让我们体验一次平时不可能体验的“看虎”经验吧！从内心表示感谢……。事后想想，似乎有些事与愿违。其中最忌讳的是虎年的本命年第一天看到了一只“死虎”，预感这一年都不会有好的征兆……。

果然不出所料，两天后（3日）北京回日本的飞机就赶上了大雪，下午13：25分的飞机，一直等到晚上8点钟才得到正式通知，当天的航班取消了，并被统一安排到机场附近的宾馆。因当天雪下得太大，就连去宾馆的大巴也得等上近2个小时，到宾馆办入住手续又是2个小时，最后用上晚餐已是深夜12：30左右了。第二天（4日），天空晴朗，一大早就被通知集合统一坐大巴回机场，吸取了前一天的教训，私下拜托了宾馆服务员，单独叫了一辆出租车去了机场，省得再在宾馆等上一两个小时。到了机场的第一个任务就是尽快换上最早的航班回日本，可换登机牌处已是人山人海。前一天的延误航班乘客加上当天早上的所有航班乘客，早已将每个窗口都挤得水泄不通，根本就无法接近服务生们。说来也巧，平日均坐国航的我也不知为什么那次却买了全日空的票，正好有一位朋友以前在全日空北京办事处工作过，通过他很快找到了一位“内线”，不用出面，就将所有登机手续办好，并顺利地进入机场内的休息室。座位周边的客人有好几位都是去日本的。随着时间的推移，周边的客人陆陆续续都已被通知登机，最后只剩下我和其他几个人了，问为什么其他去日本东京的航班已登机而我们却不行时，得到的答案让人感到如此“意外”：“因为他们坐的都是CA（国航），你们外航（ANA全日空）还排不上”！虽不知此话是真是假，这回什么事都赶巧了，运气实在坏到底，当我们坐上飞机时已是下午5点钟左右的事了。心想早点晚点也是一天，能飞就行！可登机后就被通知出港飞机多，需原地待命。反正已晚，不差这点时间，但怎么也没想到从上飞机到滑出停机位再除冰（雪），最后起飞离开北京已是5个小时以后的晚上10点钟了，最让人受不了的是起飞后不久被告之晚上11：00以后的成田机场航班不允许降落，要改降羽田机场，天呐！对于把汽车停在成田机场的我又是一个无情的打击，因为到达羽田机场的时间是深夜2：00左右，如果再早一点也还能勉强赶上末班电车回家，而早班还要再等三四个小时。从羽田机场到成田机场和回家正好是个三角形，直接打的去成田也取不了车（太早），只好先回家（到家也已是早晨快4点了）。睡了几个小时爬起来又赶到成田机场，因为未按原定时间取车，被罚了2天2夜的款，最终将车开回家已是5日下午四五点钟的事了，原定老丈人的生日聚餐也被迫取消……。看来本命年真的不好过，虎年看死虎更难过，也许是让我都赶上了，一开年就给了一个“下虎威”！

上镜

2004年的初夏，李雄老师（现北京林业大学副校长）见到我说：前几天在北京晚间新闻看到你了。到目前为止我还从来未上过北京台，平时去地方开会或园林城市考察、评标偶尔会在地方台上露面。看到我有一点疑惑，他又补充了一句，是矶琦新在中央美院办个人展的新闻发布会。噢！想起来了，那天正好晚上刚从东京飞回北京，正走在机场高速回家的路上，接到周榕老师（清华大学建筑学院）的电话，问明天早上能否一起去王府饭店，当矶琦新的翻译，我一口答应了。

在日本能看到很多矶琦新先生的作品和著作。其中水户博物馆去过不止5次，但一直未能见到本人。第二天我们稍微提前赶到会场。没一会，矶琦新先生也到了，一身黑制服，风度翩翩，与他20年前的照片一样，绽放出设计大师的风采，丝毫看不出已有70多岁了。会议由周榕老师主持，在主席台上就座的还有清华的王路教授，北大的张永和教授，建外SOHO一炮走红的潘石屹先生，另外还有上海最有生机的开发商及以仓库改造出名的台湾建筑师等。矶琦新先生第一个被邀请发言。因为是第一次接触，对先生的思想还未直观感受，所以翻译起来有些吃力，总感觉内容应该更精准些，但最终还是未能做到，自感十分遗憾。从那以后无论大小翻译，都要求之前进行交流。

接下来讲话的是节奏不太变化但内容具有冲击力的张永和发言、朴实而具有号召力的潘石屹的发言，而印象最深的是台湾建筑师的发言。当时的内容已经不能完全记住了，大意是学成回台后总觉得自己想做事情没有找到感觉，最后决定去欧洲漫游。经过了两年的流浪式生活，似乎找到自己的灵感，毅然决定速回中国台湾，当从飞机一下来，就有人邀请他去做李登辉的别墅，可是这位老兄的回答是："NO"，我的事业在大陆！就这样来了上海……。实在是传奇和精彩。我是第一次参加建筑大师们的研讨会，相比之下，景观设计师们还是显得太"含蓄"，应该更多地学会宣传自己，像建筑师一样，把自己做的每件事说得更自信、更传奇。因为行业需要每位从业者的表现和宣传，没有这个过程就会与相关行业拉开差距，至少这个行业这个时期是这样一种状态，今后怎么样不好说。

会后一起用餐时矶琦新先生说道：1970年代，他来中国时是国家领导人在大会堂接见他。而到了21世纪，他再来中国时是引领中国建筑业发展的设计大师及企业家在最豪华的王府饭店招待他，中国真是发生变化了……。

遗憾的是，原本对水户市成立100周年时，邀请矶琦新先生做的水户博物馆中设计的一个与博物馆从功能到形式上都无关系的100m高的塔，是否是巧合的疑问，想亲自问个真假。也许是太贪餐桌的美食，把这件最重要的事给忘了一干二净。以后也曾想问过几次，但都没有碰上好机会，如果下次有机会见到矶琦新先生的话，那一定不会再错过了。

如果读过矶琦新先生的著作，都会有不太容易理解的感受，而且至今还在后悔当时没有把矶琦新先生的发言准确地传达给每一位在场的人。直到几年后与三谷老师谈到此事时，才知道不光是我，包括很多日本人在内，都不敢说能够完全理解矶琦新先生的语言。听到这些总算是心理平衡一些了。

大温室

1998年刚刚回国的时候，正值为了迎接新中国成立50周年进行的几大献礼工程。新中国成立10周年时，北京建了十大建筑，而时隔40年后，方式发生了不小的变化，其中不再只是搞纪念性建筑了，最有特色的是在北京植物园建一座当时亚洲最大、世界第二的大温室，面积为6600㎡。当时由刘秀晨国务参事（原北京市园林局副局长）任总指挥，北京市公园管理中心总工程师李炜民先生（当时任北京植物园副园长）及副总工程师张佐双先生（当时任北京植物园园长）等组成的筹建办公室工作十分有效。设计上由国内最具实力之一的北京市建筑设计院（建筑）、北京市古建园林设计院（植物及景观）与日本志田系统设计所（自控）共同进行。我作为中方和日方间的协调人参与了其中的部分工作。

像这样综合性及专业性要求极高的工作还是第一次参加。日方设计师志田先生的个性很强，他在日本只做温室自动化控制的程序设计，有时不明不白地发火，让我夹在中间很难办。他对建筑、空调设备等方面的设计提出了很多当时看来很难处理的建议。首先是对建筑，温室建筑与其他建筑不一样，有较特殊的功能要求，必须有一定角度的屋顶坡度，一方面便于除雪，同时可以防止室内结露直接滴落。还有加大顶窗与底窗之间的距离，有利于发挥自然循环风的作用。其次是空调设施，人们都知道温室要求设计采光最佳的空间，大量采用明空调管道会降低植物最佳生存环境的品质。同时还提出温室的环境控制与以“人”为对象的环境控制不一样，人知冷知热，有什么要求、感受可以直接交流、解决。但植物就不一样了，特别是温室，同样是热带雨林植物，其对温度与湿度要求也是不一样的，可是植物与人类不一样，它的感受不可能通过共通的语言来表达，一切对冷暖、湿的要求都无法传达，这就要求设计师应更详尽地了解植物的习性，并提供多元化的可控环境。最后还提到选址，日本的温室一般都是结合垃圾处理场的热能再利用而建设的，等等一系列问题。当时只是把双方的意见来回传达，对其中的含意并未做进一步的思考，时隔20年，现在想想志田先生的话，不正是中国当今社会及我们行业极力提倡的低能耗、低负荷的节约型园林吗？前几年中国是全球的生产工场。在国外，人们用的、穿的、吃的东西离不开中国产品，然而中国生产每件产品所需的能耗远远高于其他国家，在每年保持1～2位数经济增长率的同时也看到了很多社会与环境问题，面临着史无前例的大挑战，我们需要更理智的思考。

由纪念性的建筑到观赏大温室的建设，标志着社会由单一的建设转向尊重环境发展的里程碑，同时又提示人类共同保护我们生存的家园——地球，应该说是非常好的开端。

等菜

大学刚毕业的时候（1984年），自己一个人住，那时懒得做菜，所以每天晚上回家后先把饭焖上，然后拿一个铁饭盒到家附近的一个小饭店买一个炒菜，就算了事。当时不像现在那么方便，也没有什么外卖之说。

用自备的铁饭盒，一方面是当时还没有一次性饭盒，而且自备的总比小店的盘子端起来方便。一天像往常一样去打菜，那天客人较多，可能是小店装修后，来的人多了。每次我要了菜后，几分钟就能端出来，所以通常是在附近站着等，但是当天被告知需要等十几分钟，无奈只好找了一个最偏远的犄角旮旯坐下耐心等候。我刚一坐下，就感觉斜对面的餐桌上有两位年轻可爱的姑娘在用餐，趁对方不注意的时候还偷偷朝那个方向看了几眼，确实很大方可爱，听口音看装扮像是广东那边来京旅游的。那时改革开放刚开始，最初的万元户多在广州、深圳等最早开放的城市。也许是碰到了“漂亮”姑娘，平时自以为不太在乎的我，那天一个人坐在这儿感觉格外的不自在。这时姑娘们好像也察觉到我的存在，一开始是不停地在商讨什么，后来我的侧目光可以很明显地感觉到她们边说边看着我，我也忍不住时常斜眼偷看她们一下，但以后几次就没有像一开始那么“幸运”了，有时会目光撞在一起。因为大学刚毕业，20出头，又留了一个北京青年人最时髦的“板寸”（运动员的寸头）。原本自我感觉不错，这回就更自作多情了，这时对方的谈话，不仅仅是语言、眼神，而且开始用手偷偷地朝我这个方向指着说些什么。我假装看不见，但她们的一举一动，可以凭直觉判断，她们一定是希望跟我说话，那时的我真有点像电影中的“白马王子”，难道现实生活真会发生这一场面吗？这不是在做梦吧……！正在我想入非非的时候，对方真的站了起来，而且径直地向我走来，这时的我心跳加速，就好像要从嗓子里跳出来一样，真是碰上了仙女下凡，脑海中闪烁出不同的美好画面。这时姑娘已经走到我的身边，此时的我已经进入无地自容的状态，想象着她会说：……。

终于听到了姑娘亲切、温柔的话语：“我们剩了些饭菜，你可以拿回去吃。”天呐！简直不敢相信我自己的耳朵，就好像白马王子一下子从天上直落地狱（晕）……。想想自己的行为，手拿一个铁饭盒，坐在人家旁边“等着”，那两个外地姑娘一定还会认为：首都毕竟是首都，连“要饭”的看上去怎么也不像是“要饭”的呢？而且剩下好端端的饺子都不稀罕要，非要剩下的山珍海味吗？

这不是演绎，也不是虚构。是确确实实发生在我身上的经历。也许这就是生活（This is life），有些事真是不可预测，该是你的想躲也躲不开。

兽医院

有一位朋友的女儿立志要学兽医，第一次听说时略有惆怅，因岳父是兽医专业出身，总是听他讲年轻时跟牛、马、猪等打交道的故事。当时虽不能充分理解，但印象却很深，特别是给牲畜治病时用的器械要比医院粗大很多，而且整个治疗过程也很粗放，包括用的针头、刀、剪子都有特大号的。就拿针头来说，扎到人的身上，不用说疼痛难忍，想必针管内还会被肉体充满，就好像用容器做土壤取样……。除此之外，这种工作同时还需要体力，对于一个清纯、瘦弱的小姑娘来说，似乎不太适合吧！但后来听说是专门从事小猫、小狗等宠物的兽医，说到这儿，总算可以理解了。不过这又让我想起了2012年的一件事。

当时正值盛夏季节，我们像往常一样又来到了新疆博乐的施工现场，因当时政府要求的施工进度很紧，而且所有参加到建设项目中的人员都是5+2、白+黑（5+2是说一周没有一天休息，白+黑是说不光没有休息，而且还要每天从早干到晚）。负责建设项目的是市重大建设办公室的沈主任，我们跟他认识可以追溯到在新疆库尔勒设计“新华园”、“孔雀公园”的时候。沈主任是一位无论做什么事都非常执着的人，他爱好摄影，去了一趟巩乃斯，随便被一位乡长的司机忽悠的好像是得了一场大病完全变了一个人。回来后见人便摇头说，不行了不行了，执意要把还没用几年的佳能5D相机换成佳能5DⅢ。其实，5D与5DⅢ对于一般非专业人士的摄影来说，差距并不是很大，甚至可以说几乎没有什么区别。但对于追求完美的沈主任来说，这种“细微的差异”已是无法容忍的，当然对工作更不例外。

大学毕业后就一直从事这个专业工作的沈主任，一干就是近30年。也许是常年的劳累，一到夏季总是犯痔疮，过去每年都有听说，但今年好像比往年犯得更加厉害。有人建议困扰了这么多年的病，最好是彻底根除！还给他介绍了博乐当地专治痔疮的名医。也许是人缘太好，或是献殷勤的人太多，东出点子西介绍地弄了一大堆方案，最后探讨来探讨去，选择了乌鲁木齐的一位名医。据说此人出手不凡，宣传材料写得更是让人心服口服，为此沈主任按照他的要求住院动了手术。听说手术很成功，如期出院回到了博乐。可是当我们两周后在博乐见到沈主任的时候，好像并未彻底解除他的痛苦，原本走路比谁都快的人，如今却慢了许多。也许是为了减少疼痛，走起来一瘸一拐的，身体也随之微倾，好像总是朝着路边的排水沟里走。当然也不能直着坐，从汽车的后排看坐在前排的他，总担心不知何时就会彻底倒向驾驶员的位子。这时关心沈主任的人又蜂拥而至，出什么点子的都有，但结果是都无法扭转这一残酷的现实，其中有一位也是同时从库尔勒调过来的最了解沈主任的张主任心里比谁都明白，这时候关心他的人越多，给他造成的压力也就越大。最后传来传去，一时间竟成了张主任一段风趣的调侃——沈主任被送进乌鲁木齐的兽医院做了痔疮切除手术……！而且包括我在内的大多数不明“真相”的人却信以为真。

其实张主任是一位非常幽默、智慧、极具领导才能的大好人。

千万别跳

刚入大学时，有一位非常活跃能干的同学叫郭育林，毕业后包括到日本留学等等三十多年来也算经历过大大小小很多场面和人物，但绝对没有一个人能像他那样诙谐、机智又真实。因为他长相显大，我们都称他为郭老兄。但他在我们眼里永远是那么年轻，那么充满活力。人们说名人都短命，像邓丽君、迈克尔•杰克逊等等。可郭老兄也没“混”到这个份儿上！他的追悼会未能赶回国，留下了遗憾。这次借相识30载的纪念，请允许拙文，以怀念我们“庄里”的年轻人郭育林。

想必每位接触过他的人都会对他留有深刻的印象，用赵本山春晚的话说：“他实在太有才了”。同时还想再加上一个“他还是活得最真实的人”。关于他的故事有很多很多，在此只讲一个生活小片段，以示对他的追思。

1980年代初，刚刚改革开放，人们的生活水平还不是很高，作为学生的我们就更显穷酸。学生宿舍在北林6号楼的2层，现在的情况不太清楚，那时候楼后面（北面）有一块不大不小的空场，夏天有不少林大家属的老爷爷老奶奶在这里乘凉。郭育林的宿舍正好是朝北的房间，面向着当时最聚人气的小空间。平日生活中只要有他在，一定会给大家带来意外的欢乐。记得有一天下午不上课，几个同学凑到他的宿舍侃大山（闲聊），说到前一段时间大家去郊外游玩时，碰到当地居民与游客发生口角，以至影响到我们这群学生通过那个道口的事。那天也不知道郭老兄为什么带，什么时候换上一身城管大队的制服，冲进争吵的人堆，当地的山民没见过什么大世面，错把穿城管服的他当成警察，乖乖地听从他的指挥，顺利地把我们这群学生放进了山……。也许是同学们的称赞，让他有所飘飘然。一兴奋指着一个同学说："今天咱俩打赌，就一顿饭钱，我从2层跳下去，如果我输了，我请客，如果我赢了，那就不客气了，你请我"。天呐，大家知道，过去的老楼虽很旧但层高都比现在的高而且加上一层基础的台阶，至少高度也应在6m以上。一个大活人不摔个半死，也得伤筋动骨。还没等那个同学回答，他已冲向窗口，看来这回拦是拦不住了，都在为他捏一把汗。只见他站在窗口上并没有直接往下跳，而是把手扒着窗台挑出去的砖边，人体先悬在空中，这样身高加手臂长可以把空中距离降至不到4m。这个高度跳下去在有准备的情况下，应该不会有太大问题，正当大家都要说他赖皮的时候，外面的情况发生了变化，只见乘凉的爷爷奶奶们纷纷跑到宿舍一层的窗口下，齐声高喊："孩子呀！千万别跳……！"这时的他想跳也跳不下去，如果真跳下去的话，一定要砸伤几位老人，但再爬也爬不回来，因为为了散水窗台做的向下倾斜，而且为了减小空中高度他将手握砖的距离放到最小，只要哪只手稍微一松，无疑只能掉下去。起初也试图将他拉回，但都没有成功，这时我们只能求助爷爷奶奶们让开，可他们哪里听我们的"劝说"。都认为会发生人命。最后只能是我们也往楼下跑，平常也没觉得离楼梯有这么远，当我们马上就要赶到一层的窗下去拉开老人时已来不及了，郭老兄实在是坚持不住了。只听"嗵"的一声掉了下来，别看爷爷奶奶们都上了年纪，到了关键时刻手脚却都显得如此敏捷。每个人都不由自主的条件反射式地躲闪了一下，也正是这个躲闪让他顺利地落了地……。原本很单纯的一件事，最后闹得满城风雨。全校都知道，"众老太齐救跳楼学生免于一难"。

郭育林同学的故事还有太多太多，对他来说任何对表面的装饰及刻意的追求都毫无意义，就好似一位不施胭脂的妇女，却比花枝招展的女郎更具内涵和魅力。活得如此忘我，诙谐、真实、机智、平和、普通、奋进、努力……他永远永远地活在我们心中。

（引自：写在北京林业大学园林1980级同学"相识30载"纪念文的一部分）

节省

毛主席说浪费是极大的犯罪。节约是中国人的传统美德，特别是我们的父母那一代可以说是勤俭节约的典范。拿母亲来说，出生于一个小资产阶级家庭。据说从刚出生起就是奶妈换了又换，可不知道为什么我懂事后的印象中，母亲一直是一个特别节省的人，用“抠”来形容可能更加准确！对所有的人包括她自己都是非常非常“抠门儿”，而且随着年龄的增加越发得严重。我们给她买的水果从来都不舍得吃，非放到烂掉为止。2008年春节买给她的点心，非要等到4月份都发了霉才不得不吃，结果呢？最终食物中毒，紧急住院。从此以后什么也不敢给她买了。

也不知道是不是老天安排的，作为孙女的大女儿天生继承了奶奶的这一特点，从小就特别节省。去外边吃饭，再好吃的饭只要贵了一点都被说成不好吃。从小的压岁钱和每月的零花钱都攒了起来，从来不随便乱花，典型的小抠门儿。她自己也知道这一点，也经常当着众人面前承认自己有小抠门儿的缺点，而且也从来不掩饰这个毛病。但就是改不了，所谓3岁看一生，看来这点是很难改变了。

再让我们看看现在的年轻人，很少看到节省的表现。特别是在工作中，永远是大手大脚。草稿的打印也从来都是用新纸，卫生间的灯、工作间的电脑永远是开着的。中午买回来的盒饭一口没动过，只要过了中午绝对不会有人再会去过问它，那些单身的员工也没有一个人会将中午的盒饭带回家当晚饭。在这方面日本的年轻人要做得好很多，只要不是最终稿都会主动用用过的复印纸的背面打印。如果是复印的话，也尽量是采用两面复印的形式，不是说这样一来能够节省多少钱，而是反映国民的环保意识。做到尽可能地高效利用和避免不必要的浪费。反过来看看这几年饮食方面的浪费也已逐渐减少，吃不了的尽量打包回家。上小学时就曾经背诵过“谁知盘中餐，粒粒皆辛苦”的诗词，但是很少见生活中有所体现，真是越来越大方。

近年提倡的节约型园林，引起部分业内人士的担心，是否要缩减各地的园林建设投资呢，等等。实际上我们每一位设计师的目标之一就是要提交出一份既节省投资，但生态、景观、文化效应又好的答卷。如果说温室中温度太高了，就增加制冷设备，同样湿度不够就增加加湿系统，这不是设计师需要解决的问题。设计师的工作是如何设计才可以防止温度上升、自然增加湿度等问题，追求环境最小负荷量的设计。这些年中国的飞速发展确实引人注目，从而中国被称之为世界的工厂，走到任何一个国家，都能看到中国的商品。在自豪的同时也应该看到中国是全世界生产耗能最高的国家之一，同样一件产品在中国生产所消耗的能源总值一般处于较高的一个状态。所以说在成绩和发展面前应该清楚自身存在的问题。当今赋予设计师的职责已不是单一的景观创造和文化体验，同时也应该是低环境负荷的人类与生物共同的可持续发展的设计。这就要求设计师不仅要具备丰富的空间表达能力，而且还要具备正确的环境意识观及相关的技术理念。从地球这样一个人类大家庭的角度出发解决人类社会面临的问题，培育真正符合自然人类发展规律的空间、场所、区域、地区……。这也正是和谐社会、和谐环境的最好体现。

从节省到“抠”，也许会让很多人反感，但无论怎样，都比“浪费”要好，千万不要误认为只要有钱，什么都能办到是一种最好的选择，世上有很多是拿钱无法衡量的东西，人们通常把很有价值的贵重物品形容为价值连城，但归根结底还是可以用“城”来衡量。但是人类的生存问题是无法用价值去衡量的，而人类赖以生存的自然环境理所应当被称为“无价之宝”。

城市向农村学

现在中国很多城市的发展越来越相似，城市规划建设了景观大道、主干道，还有城市环线、高架线、地铁等，人们生活越来越便利，省内城市要创造省内最美丽的城市，省会城市要争创国内现代化城市，原有的大都市要追赶国际化大都市。城市之间的目光永远是向着更“现代化”的城市看齐，几乎很少有人提倡“城市应该向农村学”。我们这里说的并不是让城市回到农村，而是说城市及城市居民要认识到城市永远离不开农村，因为城市是由农村发展诞生出来的，农村是城市的母亲，同时，农村又从一开始就一直养育着城市，也就是说，农村又是城市的父亲。生活在城市里的人永远认为，只要花钱，就可购买到自己需要的任何东西。这一行为与自然共生一点关系都没有。城市里的生活是否与自然可以共生丝毫没有任何联系。但是如果人类不考虑与自然共生的话，最终必定会受到自然的惩罚。

这一道理我想大家都会认可，不过反过来想，现代城市不应是向更现代的城市学习，而应该是向诞生她并一直养育她的农村学习，因为那里仍然保留着人类与自然共生的最合理的模式。就连我们的邻国日本也流行着“开花祖父”的故事，老爷爷爬到树上，在枯树上填上炭灰，最后让鲜花盛开，用日语讲叫“观天望气”，从中表现出古人能够十分自如地利用四季及天气变化的超越现代人的智慧，完全建立在遵循自然规律的前提下的一种人类智慧。难道城市一定要向并不适合自己发展的其他城市的模式学习吗？当然不是，城市应该向农村学，因为塑造城市的是农村，养育城市的也是农村。

今后的都市应该朝着哪个方向走

已成为世界各国关注的焦点。2006年第20届日本建筑环境设计竞赛是以“诺亚方舟”（Noak’S ark）为主题，2007年的IFLA世界大学生设计竞赛的题目为“让地球重归伊甸园”（EDEN-ing The Earth）。圣经中描述的“诺亚方舟”是神为了惩罚人类不顾自然环境的自我生产、生活行为，而引发了洪水，唯有在“诺亚方舟”上的生物才得以生命的延续，而在这一小小的方舟上真正地实现了人类与动植物（自然）完全理想化的共生。伊甸园也一样，根据《圣经·创世纪》中的描述，耶和华照自己的形象造了人类的祖先，男的称亚当，女的称夏娃，这就是理想中的乐园（paradise），并把天上的乐园称作“天堂”，人间的乐园称之“伊甸园”。那里有人类（亚当、夏娃）、果园、生命树、知识树（知善恶树）、河川（幼发拉底河、底格里斯河、基训河、比逊河）、动物（蛇等）、禁果（苹果、橘子）。实际上，中国也有自己的理想之乡：“桃花源”。但是现代人类社会中的“伊甸园”和“桃花源”已不复存在，人类只能期待“天堂”下落人间，并视其为“人间天堂”。城市人认为只要勤奋学习，努力工作，将来就会拥有自己的汽车，自己的住房，过上美好的日子，而在农村就不一样了，人类只是万物生存环境中的一分子，谁也离不开谁，只想人类生活好，那是永远也不可能有好生活的。农村是城市的母亲，也是养育她的父亲。作为“孩子”的城市，永远离不开生她养她的农村，因为那里有人类理想的生活环境模式——青山、碧水、蓝天、绿野，能闻到自然界的芳香，听到自然界的鸟鸣，看到自然界的原风景（原型），触到自然界的灵感，感到自然界的睿智。这不就是我们一直在追求的人类理想的生活环境吗？在那里有春分、清明、夏至、立秋、秋分、冬至……，日常生活与农历紧紧相连，春天要播种，夏季要疏苗，秋季要丰收，生活与季节分不开，所有的活动行为均是与自然环境相吻合，现代的城市人认为社会的发展是靠他的努力而成功的，完全没有认识到农村的存在，中国能有现在的迅猛发展，支撑13亿人口的是其中的8亿农民。难道漫长的人类社会的发展，会因近100年的工业社会的发展而放弃原有的生活模式吗？这里需要强调的是城市不是被动地回归农村，而是要积极地向农村学习。任何无视他人的人，无论他现在多么强大，他也一定将会被大家所无视。未来的城市需要能够与环境进行对话的设计要求。作为能够解读城市环境的最佳模式，与其说是在城市中，还不如说是在城市周边的农村更为贴切。

［（引自:《中国园林》Vol.24/145 No.1（2008）中的《城市向哪学》文中的一部分）］

责任时代

联合国哥本哈根气候大会预示着今后人类面临的是一个新的时代。胡锦涛主席在新中国成立60周年庆典的讲话中明确提出:“中国是一个负责任的大国”。那么我们规划设计师应该如何面对这一新时代的挑战呢?

古代四大文明的发祥地已不是昔日的森林，其中古埃及文明已是撒哈拉大沙漠，古苏美尔文明已是沙漠化的美索不达米亚，而黄河文明的环境也日趋恶化。此外，被誉为丝绸之路的绿洲，如今也被无情的沙漠淹没。难道文明前的森林绿洲，文明后变成了沙漠的现实，意味着文明的进步等同于自然的破坏吗?地球的资源是有限的，空间是有限的，但人类的欲望是无限的。实际上人类活动已经给我们生活的地球造成了巨大的，有时甚至是不可挽回的破坏和影响，现在该是讨论“环境意识革命”及“环境伦理”的时代了。

中国的改革开放带来了社会经济的飞速发展，人们对幸福的意识也发生了巨大变化，什么都要讲环境:生活、工作要好环境，出行旅游要好环境，吃饭喝茶也要好环境……，小到个人，大到国家均在努力地创造一个好环境，似乎是发生了环境意识大革命。

在这种全民动员式的“环境建设”中，所谓的“幸福指数”被无限地追求。可是，对“幸福指数”的评价标准可以分为“物质”和“精神”两个价值层次，其中东方文明的价值观重在对“精神”丰富性的理解上，比正常生活所需更奢侈的行为和享受被视为是“恶德”(不好的东西);不浪费的适度体验、常态的生活被视为“美德”。只有“物质”与“精神”两个价值层次保持平衡发展时，才能说是真正的“幸福”。

但是现状又怎样呢？西方式的物质文明跟随着西方式的全球化迅速波及全球，人类对“物质”的追求已远远高于对“精神”的追求，当全球的人类都在追求欧美式的生活方式时，地球的资源已开始呈现出严重的不足，进而带来了环境毁灭性的破坏。人类的欲望驱使人们不断做出“人定胜天”的愚事，每个人都认为这是社会问题而非个人所愿，但是任何现代现象的产生均与人类活动分不开，一切为个人，以个人为本的价值观正在受到极大的挑战。环境意识革命的必要性也越发显著。应该到了重归东方“知足安分”、“唯吾知足”的价值观的时候了。

2009年1月，第44届美国总统奥巴马在其就职演说中提道：今后人类追求的是一个新的“责任时代”。对此我们不必过分迷信，因为即使奥巴马心存良善，也敌不过自私选民的投票力量，和操纵思潮的金融资本力量。但是，奥巴马道出了一个事实，那就是人类的确面临着一个崭新的时代，一个从原来可以任性胡闹的青少年时代转向必须成熟的时代，称之为“责任时代”亦无不可。中国人自古就有“以天下为己任”的传统，和西方传统不同，从来也没有以作一个自私的国家为己任。胡锦涛主席在新中国成立60周年庆典的讲话中也明确提出：“中国是一个负责任的大国”。那么我们规划设计师应该如何面对这一新时代的挑战呢？这正是值得每位设计师去认真思考的问题。还能说“以不变应万变吗？还能只强调设计师在作品中的所谓自我表现吗？还能将基于人道主义的“以人为本”曲解成自私的个人主义设计原则吗？还能夸耀自己的设计是国内第一、世界没有的不朽之作吗？还能自满在北方地区设计了一片四季常绿的大草坪吗？还能惊喜在沙漠地区看到人造鱼米之乡的秀丽景色吗？已经到了我们每位设计师需要重新审视自身环境意识的时候了。

[（引自：《由环境伦理所想到的责任时代》，《中国园林》Vol.26，No.170/2010（2）文中的一部分）]

人类中心主义与自然中心主义

很早以前就提到过是否还要提倡“以人为本”的设计，此后也一直在思考此问题，总觉得有必要单独拿出来写一写。细想想，我们所从事的工作就像北京的道路建设的发展，永远赶不上汽车数量增加一样。人类的欲望是永远得不到满足的。一切以人为本的设计实际上已带来了很大的问题。近年来，环境伦理、环境哲学、环境思想、环境教育等用语经常出现在专业杂志上。北京的交通如果不发展公交（地铁、轻轨），无论道路系统如何完善和发展，都无法根本解决交通问题。那么，我们是否还要坚持以人为本的设计呢？

1．环境伦理与环境哲学

首先欧美对伦理及环境伦理学的认识没有任何区别，均采用ecological ethics来表示的。德国的生物学家Ernst Heinrich Haeckel将生态学与自然经济学相结合，提出自然及生态系中的各种自然物呈相互依存的关系。要重视资源与能量有效地严格按照相互秩序进行交换的体系。那么环境伦理与环境哲学又有何区别呢？从传统的角度来讲，哲学是一种世界观，也就是说：世界是怎样一种存在，人类在此期间又是处在如何一种地位的一门学问。伦理学只是其中的一部分，对于地球来说，人类应该如何去对待任何一件事物的学问。也就是说：人类应该如何去……，希望怎样怎样……等是伦理学的主题。环境哲学是明确“自然环境是什么？自然中人类又是处在如何一种地位”的学问。环境伦理学是指，人类应该如何与自然环境保持着怎样一种关系的学问。是解明人类与自然如何共存的学问。而现在专家一般用“环境思想”来代替“环境哲学”一词，这样更易被人接受，也更易推广。所以说只有明确环境伦理与环境哲学（环境思想）的关系，才能真正理解我们所从事专业的真谛。但是为什么到目前为止，人类从未将自然环境作为“伦理”的考察对象呢？原因很简单，就是人类与自然的关系并未产生明显的对立。但是随着人类社会的不断发展。人类与自然的关系发生了本质的变化，在人类与自然之间如何处理，或者说解决好其间的关系就成为当今社会不可回避的现实问题，争论的焦点就集中在：人类社会是否要对自然尽义务。这也是环境伦理与环境哲学（环境思想）的核心问题。

2. 人类中心主义与自然中心主义

人类中心主义（anthropocentrism）从狭义上讲是指：以人类利益为中心的立场，与人类利己主义很相似。在这种情况下，自然对于人类来说是“有用”的。所以，必须保护自然。然而自然中心主义（physiocentrism）则是指：与以人类利益为中心的人类中心主义的所谓保护自然相比是一种完全彻底的主张，并对其进行批判的一种世界观。但无论如何争论，两者各自都有完整的体系。可是事实上与自然共存的产业和生活在现阶段的现实生活中均无法找到。对于人类中心主义的批判，其最核心的问题是，无论现在还是未来，只要是对人类有益的自然界的生物均要保护等等。那么，对人类没有太大价值的生物可以不保护吗？学术价值上的保护，实际上是所谓“血统优先”论，这是不公平的行为。从而也就产生了批判“人类中心主义”的“自然中心主义”。其中最有争议的论点是，如果从判断是否对人类有无价值来决定是否需要保护的话，自然界的所有生物种的保护将成为很困难或者说无法实现的事实。自然中心主义提倡自然和生态系是一共同的道德体，存在于其中的人类尊重其他生物及自然物的价值和权利是理所应当的义务。从人类发展史来看，人类中心主义从一开始并不是将人类与自然看作是有区别和对立的关系，直到中世纪为止一直是批判以神为中心的思想，不主张人类比自然处于更优先的地位。但是随着当今社会的不断发展，环境问题成为论争的焦点。是坚持人类中心主义还是自然中心主义，也自然而然地成为时代最注目的课题之一。

当今的社会是提倡自然中心主义呢，还是强调对人类中心主义的修正，这也许是本文希望论述的核心问题。人类是自然的一部分，为了获取更“舒适”的生活，而去人为地改造自然，实际上人类的活动已给地球的生命圈整体造成了不可预期的破坏。

[（引自：《设计师的职责》，《中国园林》Vol.25，No.157，2009（1）文中的一部分）]

首先自然保护的义务是指对“自然”的义务，还是指对“人类”的义务。后者是人类中心主义的立场，而自然中心主义则在强调对“人类”的义务之前还主张对“自然”的义务。实际上必须认识“自然”是自身的权力。人类是自然（生命）共同体的一部分，所以人类对自然当然存在着道德意义上的义务[1]。自然界的每一位“成员”都具有道德意义上的资格和权利。相互间也同样存在着权利义务的关系。道德意义上的资格和权利并不存在于自然之中，而是当人类与自然发生关系时，人类社会中才开始涉及这方面的问题。自然物是道德意义上的客体，只有人类才是主体，而没有人类的介入，这种关系也是不存在的。人类社会中每个人都有尊老爱幼的义务和责任，每个人都经历过这种义务和责任，同时也接受过这种义务和责任。而人类社会与自然界中，这种互相依存的关系并不存在，只有人类单方面地执行对自然的义务和责任。那么明确了人类对自然的义务和责任后，当面对有害或有威胁的生物种时，人类还应该保持这种义务和责任吗？回答很简单，这种义务和责任不是看其对人类的关系，而是应放到自然界中看它的角色。所以说人类在考虑与自然的关系时，一定要将自己融于自然之中，而不是站在人类自身的角度去考虑。这样一来人类与自然的关系并不是建立在双方互等的关系上，而是人类必须承担对自然的义务和责任。

环境教育在国际上是从1970年代开始被重视起来，日本在此方面起动较晚，1990年代才开始提倡环境教育，实际上早在1972年联合国的人类环境会议上就提出此问题，1975年在Beograd

召开了“环境教育国际研讨会”。其中Beograd宪章被正式采纳，明确了6个目标阶段[2,3]。

（1）关心——对于环境的感受性和关心。

（2）知识——对于环境的理解及对环境的责任和使命理解。

（3）态度——对社会价值和环境的强烈感受性，环境保护和改善的参加意欲。

（4）技能——环境问题解决技能。

（5）评价能力——环境测定和教育体系的评价能力。

（6）参加——解决环境问题的行动。

仅仅是关于环境的知识，称不上环境教育，仅仅只关注自然，不能与环境问题相关联。以现状的社会为前提，环境问题的解决方法仅仅是单一的对峙。环境教育是指在明确地球环境及城市公害的同时，从幼儿时期开始培养环境意识，并认识到我们人类的每个人的日常生活中均存在着恶化环境的因素[4]防止环境破坏的最好方法不是什么高明的补救技术，恢复工法也不是最完美的解决之策。而最佳的解决方式是，不发生环境破坏问题，也就是改变人类的思考方式，提倡环境教育。

欧美、日本等发达国家希望中国依照他们提倡的游戏规则办事，遵守他们的价值观，按照他们喜欢的生活方式或社会制度生活，并改变原有划分发展中国家的标准，称中国为“复兴”国家，这样也就称得上是他们认为的所谓“负责任”的大国。不错，中国这几年的飞速发展，使得这些发达国家不得不接受中国的存在，并在任何领域中与中国打交道。这种近乎无奈的“接受”条件，首先是让中国成为“负责任”的国家。但是不同文化、不同信仰和不同世界观，均可能产生不同的“责任”标准。一方面，一个国家是不是“负责任”，不能由少数国家说了算，也不是由西方说了算。另一方面，中国也应该去全方位地，尽最大努力地去“接受”这样的挑战。中国不加入《京都议定书》不等于我们就可以不考虑CO_2的排放问题。首先要提倡全民的环保意识，提倡社会的精神文明建设，提倡和谐社会的发展原则。同时也要求每位从事风景园林事业的人都应严格遵循住房城乡建设部提倡节约型园林的设计原则，加强环境教育，不能照搬西文的伦理和世界观，但也应该积极地去理解这些伦理和世界观；反之，对西文的负面评论也不是完全可以置之不理，任何一个加入“大家庭”的新成员需要适应这个大家庭，同时人家庭中的每一位成员也有“责任”去理解和帮助这位新成员尽快地融入这个环境，这也正是他们应该“负责任”的地方。

中国园林的精华在于“虽由人作，宛自天开”，无论过去、现在乃至未来，这都将是永恒的真理。在此之前，一直在提我们的设计是为人服务的，一切均要本着“以人为本”的原则，开展我们的工作，它似乎已成为我们每位规划设计师的准则。但是这些年全球性能源危机与环境破坏成为两大关注焦点，“企业的社会责任（corporate social responsibility）”将成为今后国际上探讨的热门话题。特别是第29届北京奥运会上极力提倡绿色奥运，一切从环保角度考虑。人们开始认识到人类的活动行为已对自然界造成了威胁，人类应该重新考虑和审视自身的“活动行为”。“少开一天车，还我碧蓝天”，环保活动已在包括上海在内的中国大城市中出现。减少CO_2的排放、防止水污染、节约能源似乎与我们所从事的行业并没有什么直接关系，那么风景园林行业又能做些什么呢？有些极缺水的城市，经过几年奋斗，使城市处处见花、片片是绿；与南方植物生长条件优越、雨水充足的城市相媲美。但是其背后的代价是无限制地使用地下水资源。现在很流行骑车或利用公交，距离不远的话，步行上班。规划设计是否也应该是一种衡量标准，设计师的职责不是在一张白纸上画一张最美丽的图画，而是在一张固有的自然文脉的基础上勾画上相互关联的有秩序的图画。人类的欲望是永远得不到满足的，片面地追求，只会导致失败。所谓“不怕做不到”、“就怕想不到”、“人定胜天”的口号已不太适用。人类无法改变自然而只有适应自然。也就是说每位设计师应该重新审视自身的职责。

参考文献

[1] 鈴木記雄ら（2001）：環境学と環境教育：㈱かもがわ出版（京都）.

[2] 石井一郎・湯沢昭（2005）：環境計画総論：鹿島出版会（東京）.

[3] 尾関周二・亀山純生・武田一博（2005）：環境思想キーワード：㈱青木書店（東京）.

[（引自：《设计师的职责》，《中国园林》Vol.25，No.157，2009（1）文中的一部分）]

2

吾人小作

单调中的超越

——新疆瑞丰葡萄酒庄景观设计

项目名称：单调中的超越——新疆瑞丰葡萄酒庄景观设计
项目所在地：中国，新疆和硕
委托单位：新疆和硕建设局、瑞丰葡萄酒庄
设计单位：R-land 北京源树景观规划设计事务所
方案+扩初：章俊华
施工：章俊华　白祖华　胡海波　张筱婷　范雷
　　　于沣　汤进　钱诚
电器、给水排水专业：杨春明　徐飞飞
施工单位：巴州大自然园林绿化工程有限责任公司
设计时间：2012年3月～2012年5月
竣工时间：2013年7月
用地面积：$2.75hm^2$

现地为长方形的场地，平坦宽敞，东侧边界有一排生长健壮且高大的新疆杨，北侧是酒庄，西侧与南侧是连接公路的通道。庄主要求兼顾生产与观赏两重功能的需求，夏秋与冬春要有不同季节的形态表现，尝试着缓解生产型绿地功能性与观赏化这一对矛盾。

首先将位于北侧的酒庄正门口的延伸作为本场地的主轴空间，中央由宽8m的地被绿带与镶嵌其中的3组高出地面的欧式喷泉圆台组成。两侧分别设置了3m和5m的铺装带、1.3m和2m的地被带及12m的林带。这里希望传达的是代表酒庄文化氛围的欧式风格的隐约表述，并通过细部装饰营造酒庄的地域特性。其次，中轴两侧的葡萄种植区，采用4棵葡萄为一组，用直径5m的白料石干垒成高50cm的圆形种植池。顶部安装一圈ϕ60的拉丝不锈钢管，并设置了17条纵向排列，可方便到达每一处葡萄种植点的60cm宽的卵石小径，并由7条1m宽、呈45°的斜线路相贯通。其中中轴两侧各设置了3处约35m^{2}的铺装场地，近930根工字钢柱均等地散置在场地中。横纵交叉的直线与近400个圆形种植池多次重复出现，营造出独特的空间氛围。

直径5m的白料石干垒圆形种植池，淡化了原本略显僵直的布局形式，乡土情结的自然流露与材质的原始表达充满着场所的每一个“角落”；拉丝不锈钢管规整了零乱的叠石，强化了曲线的轻盈，并期待在不经意中反射善意的阳光；不作任何外饰涂料的工字钢柱，铁锈般的颜色将承载着时空的岁月，等高的设定平衡了直与曲，粗与精，散与聚的矛盾；60cm宽的卵石小径硬中带软，粗中有细，为常规单调工法中的新考量；50cm高的圆形种植池彰显场地的表情，支撑冬季空旷的格局；中轴东侧的新疆杨树阵强化轴线空间的纵横感，全方位地烘托场所的存在。重复、机械、均衡表达了场所的设计语言——单调中的超越（图2-1-1、图2-1-2）。

图2-1-1　乡土情结的自然流露

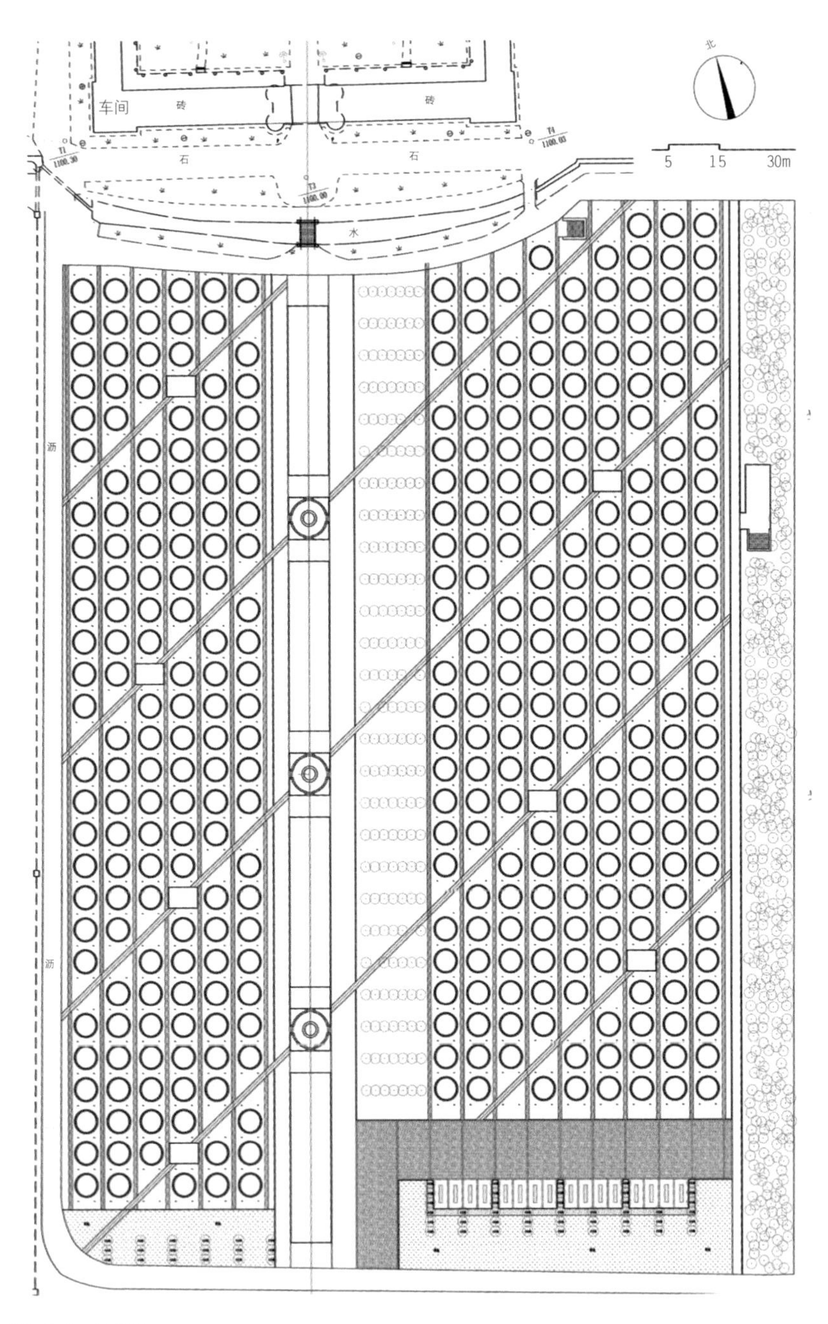

图2-1-2 平面图

项目访谈

对谈人：中国建筑工业出版社（以下简称建工）、章俊华（以下简称章）、范雷（以下简称范）、赵长江（以下简称赵）、于沣（以下简称于）

建工：今天很荣幸采访到章老师以及章老师的设计团队，源树景观这些年在业内做了很多优秀的项目，今天请章老师和各位设计师针对近期所做的3个项目，谈一谈在项目之初的一些设计构思，在设计过程中对设计场地的处理和设计感悟。首先是“新疆瑞丰葡萄酒庄园景观设计项目”，这是酒庄前面的一块葡萄园，完成后的景观与常规设计有很大区别。请章老师谈谈是怎样开始构想的呢？

章：其实我们一直在和硕这边做他们的项目，已经有四五年的时间了，一开始也走了很多弯路。到了葡萄酒庄园这个项目，正好赶上当地政府的一个重点扶植项目，让我们以帮忙的形式来做。我们同意给政府帮这个忙，不过提出来一个要求，就是我们可以提供义务设计，但是让我们放开来做，所以从方案的构想开始就完全没有按照常规去做，完全是以设计师自由或者说任性的思维去做的这个设计，当然做出来的东西跟之前的一些项目完全不一样。彻底放开做了一把，爽了一把，最终成果就是跟常规的项目有很大区别。后来想想还可以再耐心一点去思考的话那就更美好了，又有些小小的遗憾。

建工：于工第一次去项目现场的时候有什么感受？

于：第一次去场地的时候是现场踏勘，当时刚好是工地配合完成我们的滨河风景带。去之前听说有这个项目还挺期待的，因为以前也跟着公司考察过法国的几个酒庄，比如拉菲酒庄、木桐酒庄，大概能够想象一下酒庄文化，所以去的时候还挺期待的，结果到那之后有点失望。

建工：为什么呢？

于：因为当地人民比较朴实，酒庄就是生产酒然后卖酒。现场有一个有一点欧式符号但是很乡土的酒堡建筑，然后酒堡下有一个小小的停车场，虽然酒庄的葡萄圃地很大，但是我们的设计地块是酒庄前的一个矩形的场地，是用来展示葡萄品种的地方。因为去的季节的原因，现场看起来比较荒，有点失落。当时在想要把这么个地块做出一个有文化感的酒庄，还是挺有挑战的（图2-1-3、图2-1-4）。

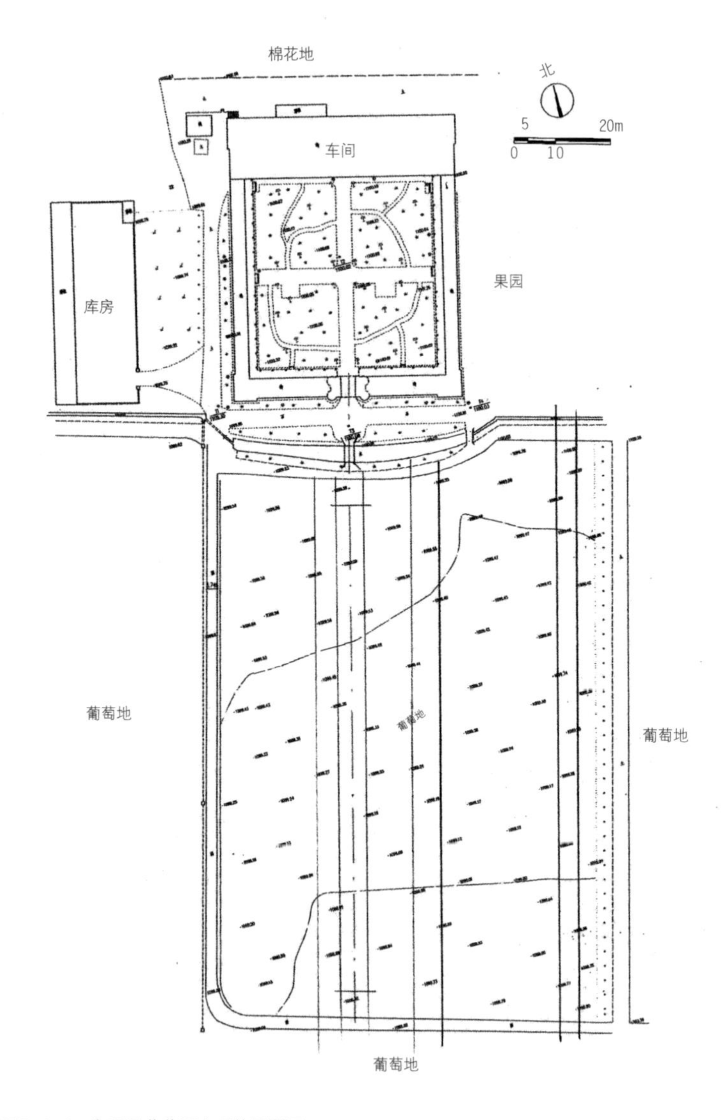

图2-1-3　和硕县葡萄酒庄现状平面图

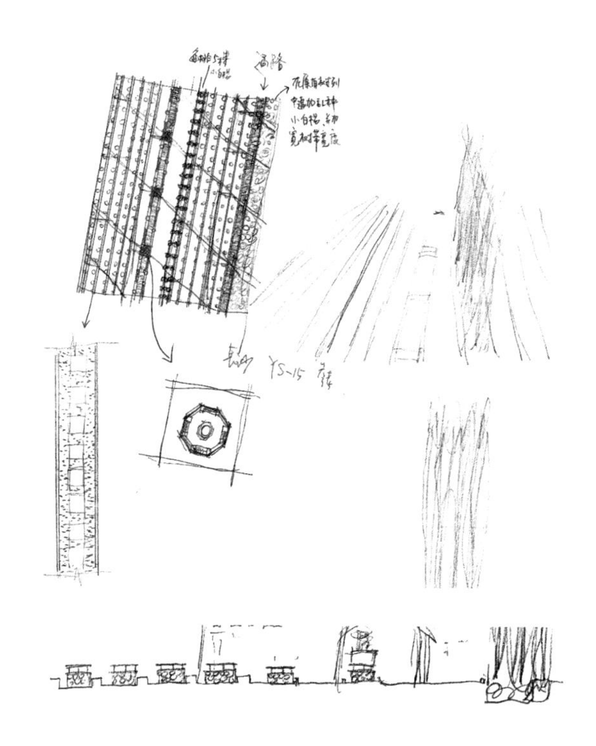

图2-1-4　设计草图

建工：该项目里有大量圆形的重复出现，不会感觉很单调吗？为什么不采用适当变化的设计手法呢？

章：因为这个项目是酒庄，当时酒庄的人是希望这边还要继续以生产为目的，但又不完全是一个景观，还需要有收获，有产量的要求，需要按葡萄园的定位来做。但是这个葡萄园又要有别于常规的葡萄园，希望能当成一处特殊的景观场所来设计，也就是说既可以作为景观来利用又可以保证生产葡萄。因为葡萄酒庄园里面有很多生产型的要求，要满足葡萄酒庄园的产量和功能性的使用，自然而然就会出现一些重复性的种植手法，所以最后做出来总体感觉很简单。虽然看起来有些重复和单调，但是整体感觉又是一个跟以往不太相同的风格（图2-1-5、图2-1-6）。

建工：圆形白色料石矮墙看起来很厚重，也比较乡土，为什么设计的时候还要在上面加一圈不锈钢的金属管呢？

章：很多人都问过设计时为什么要做这个圆形矮墙，起因是传统的葡萄地一到冬天要把修剪完的枝条埋到土里，一堆一堆特别不好看，而且堆土做得有高有低，很乱，有时看上去也会产生不好的联想。最初是希望夏天这个矮墙是个造型，冬天呢用矮墙把埋枝子的土堆包住了，看起来不凌乱。同时也希望这个造型能稍微乡土一点，所以用了当地产的那种白色的料石做出干垒的感觉，里面其实是用砂浆粘合起来的，但是要求外面不见砂浆，看起来像是干垒一样。虽然整体造型是圆形，但是干垒的效果看起来不会很挺，所以为了把圆的感觉加强，我们在上面做了不锈钢管，这个管是分成四段的。之前我们在库尔勒的孔雀公园也做过不锈钢小护栏，但是由于缺少经验，用了很常规的长管焊接，一到冬天冻胀之后接口就变形了，是个失败的案例。所以虽然这个圆环不是很大，我们也还是分成了四段，伸缩以后也没有问题（图2-1-7～图2-1-10）。

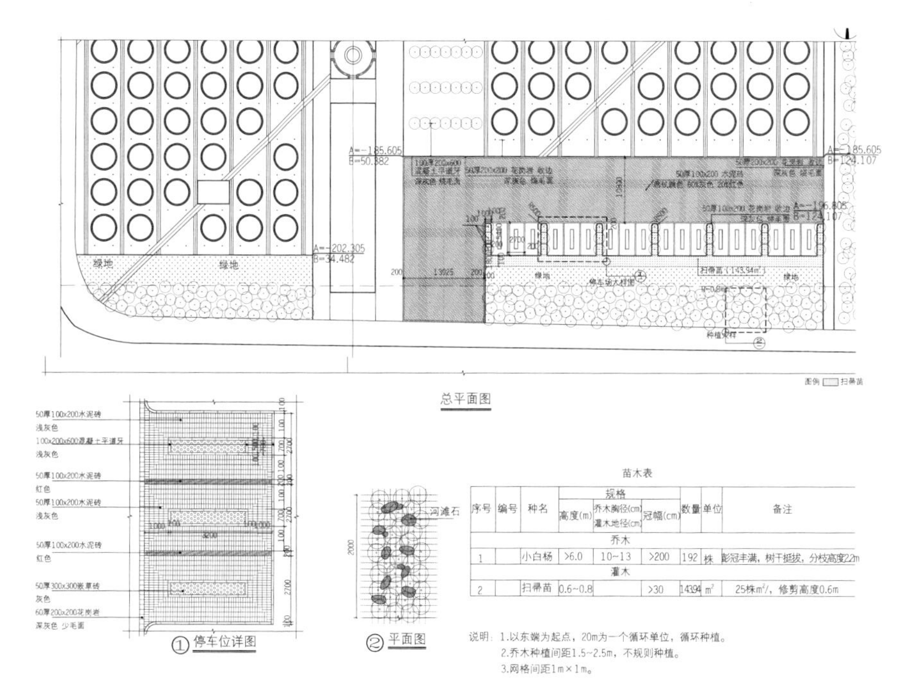

序号	编号	种名	规格			数量	单位	备注
			高度(m)	乔木胸径(cm) 灌木地径(cm)	冠幅(cm)			
乔木								
1		小白杨	>6.0	10~13	>200	192	株	彭冠丰满，树干挺拔，分枝高度2.2m
灌木								
2		扫帚苗	0.6~0.8		>30	14394	m²	25株m²/，修剪高度0.6m

图2-1-5 施工图

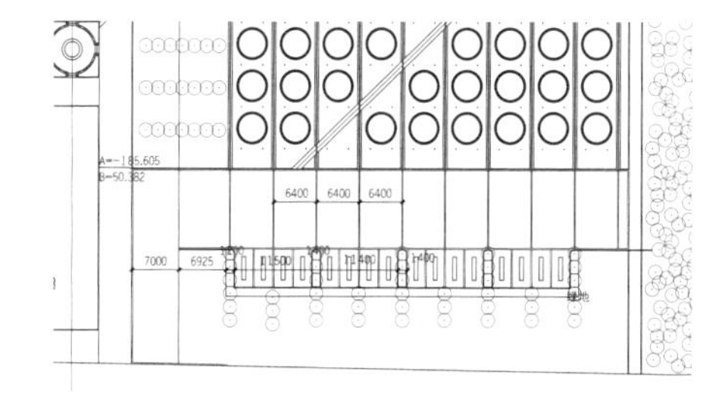

图2-1-6 施工图

图2-1-7　通过几条简洁的直线划分园区功能空间

图2-1-8　“像素”葡萄种植池

图2-1-9　施工过程

图2-1-10　竣工后

建工：解决了冻胀变形的问题。

章：对，解决了变形的问题。做了这个拉丝不锈钢的圆环，感觉是比较“跳”的，在特乡土的场景里放进了有点格格不入的简捷现代的元素在里面，这种组合本人是很喜欢的，也许会有很多人不喜欢。

建工：而且最重要的是把冬天需要遮挡的小土堆用景观给遮挡起来了。

章：对。这个管子还有个小插曲。这些不锈钢管是从南方加工之后运过来的，为了保护这个不锈钢拉丝的质感，在其表面上是有层胶布保护的，应该是安装之后马上揭下来。但是施工方怕揭下来后损坏成品，所以一直不愿意揭，想要竣工时再揭。但是新疆的夏天实在太热了，时间久了这个胶怎么弄也弄不下来，拿东西打磨都弄不下来，所以拉丝哑光的感觉就不是很理想。原本是希望它有点发光的，但是多次打磨都还不是很理想，这个还是挺遗憾的。

图2-1-11　365个圆形种植池行列布置，视觉上给人强大的冲击力

建工：从平面上看，中轴线现在是把场所分成了两部分，但从构图上来讲，正好是削弱了空间的完整性，这一点章老师您当时又是怎么思考的呢？

章：因为每次我们到现场都是从地块东边绕道南边再到西边，每次都是这么走，每次都能看到葡萄酒庄完整的地块，动线基本上是这样。那为什么要做个中轴线呢，是因为正好酒庄建筑在场地的北端，它的入口轴线又不在场地实际的中线上，是在场地居中又稍微偏一点的位置上。我们希望场地和酒庄发生一定的关系，所以特意做了一个偏一点的中轴线，正对酒庄的入口，而轴线两侧场地不是完全对称的（图2-1-11）。

建工：所以还是结合了场地原来的条件做的中轴线？

章：对，是这么考虑的。同时从某种角度来说，也增加了场地的层次感（图2-1-12）。

建工：为什么将中轴线的道路做成两条平行的呢？从功能上讲一条可能更加合理、气派，这样设计有什么其他的用意吗？

章：就像你上面问到的一样，中轴实际上把空间划分成两部分，但是又希望这两部分不完全是分割的，希望这个中轴的存在是和这两部分有关的。于是并没有特别强化这个中轴，我们把这中轴中间做成绿地，而两边做成不同幅宽的通道。

建工：也就是说是为了与西边的地块产生联系，于是将中轴的道路设计为两条。

章：对。通道一个宽一个窄，这个线形跟两边的葡萄园是比较吻合，而且又有中轴感觉，但是中轴里面呢又存在两边葡萄庄园里的线形。此外，这两条平行的道路还有导向的作用。中轴的存在虽然是把这个场地打散了，但是实际上它没有将场地分割，而是融合在了场地里面，我们尽量在设计时让它跟两边场地有关联（图2-1-13、图2-1-14）。

建工：嗯，这样的设计是很好的。

章：也不能这么说，设计本身是没有绝对答案的，我们能做的只是让它更明确地通过空间来表达希望传达的信息。

图2-1-12 葡萄酒庄中轴

图2-1-13　机切和烧毛面铺装

图2-1-14　道路两侧地被

建工：章老师您此次在中轴线上设计了3处欧式喷泉，这是否有什么具体的含义呢？
章：这个跟刚才一样，就是我们虽然做了很多平行于中间轴线的通路，说是通路其实是石子的铺装，因为生产和管理上有要求，所以才有这种线形的存在。到了中轴上呢，如果还是单纯为了生产利用就会比较单调，同时也希望能融入一些文化符号。这个文化符号追本溯源，葡萄庄园还是跟欧式有一定的关系的，成品的欧式喷泉成为首选（图2-1-15~图2-1-17）。

建工：所以这是出于对酒庄文化的一个考量？
章：是。虽然略有些牵强但是确实是为了加入一些文化氛围。不过考虑到当地的施工能力，这些喷泉我们是到当地采石场直接挑选的成品石雕，到现场进行了安装。平时用的不多只为装饰，但是当地能买到的都不够高度，又留下了不小的遗憾。另外我们轴线上的绿植也做了一些处理，比如局部种植了的彩叶的地被，也跟欧式的葡萄庄园有一定的关系。

建工：中轴的一侧种植了5排间距较大的杨树，设计的时候有什么理由吗？
章：勘察场地的时候感觉场地的西边是一排树，场地东边也有不是很规整、很高很乱的一片现状树，有一个绿墙的感觉，等于我们的葡萄酒庄园被围在绿墙在里面。然后设计时葡萄种植区域没有做绿植设计，场地比较平，看起来比较单薄，缺少层次；再一个是希望强化一下中轴线的感觉。因为虽然中轴的“线”有了，但是体量没有，所以为了强化轴线我们是希望有一个有体量、有高度的东西存在，所以种了比较高的杨树。但是又不想做得那么强烈，虽然种了五排，却间距拉得很大。也不知为什么，一直以种植为擅长的施工方，树种得要死不活的，第一次感到面对失控的现实是无比苍白无力……。

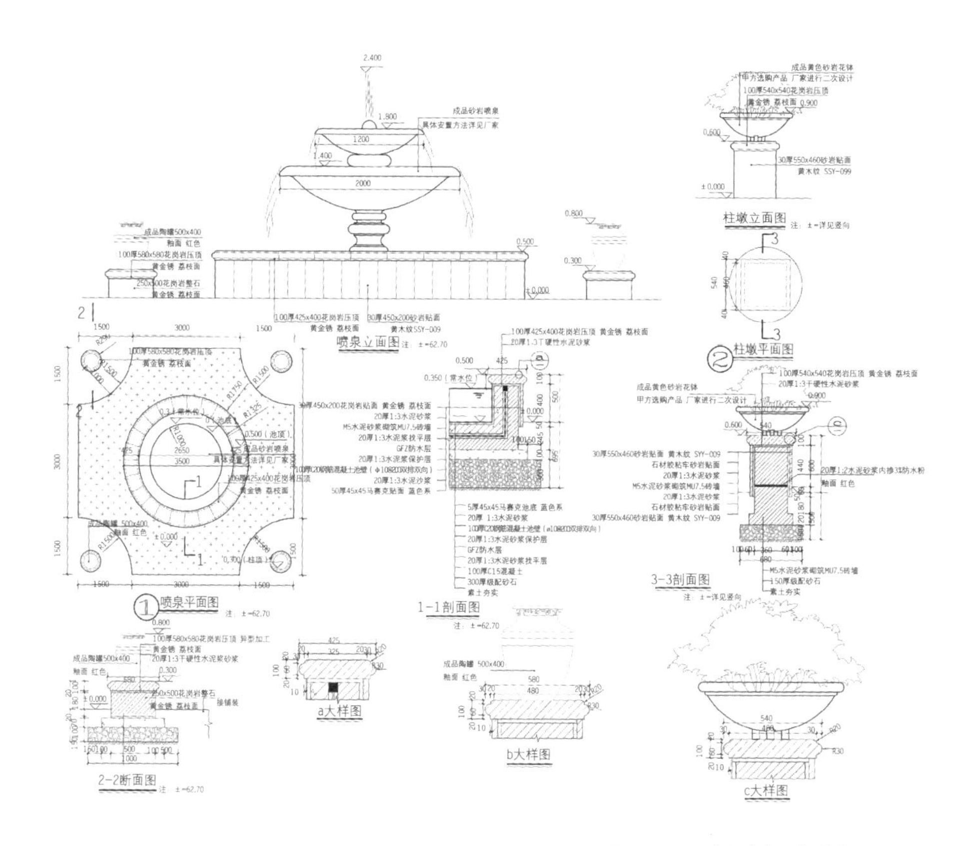

图2-1-15　欧式喷泉及柱墩详图

图2-1-16　方案过程图

图2-1-17　欧式喷泉

图2-1-18 葡萄酒庄中轴

建工：所以是希望出现一个纵深的效果，然后加强轴线的感觉。

章：对。而且这个大间距呢，从纵向看是五排，但是从横向看其实是通透的，从西向东看的话是能透过树间距看到东侧的背景树墙的。这五排树像个小屏风，为了能让场地里有个中间层次存在，其实视线很通透。不过大家可能发现了，照片上的杨树有些没有成活，本想第二年去补拍，却被告知老板娘不喜欢，下令给移走了，好无奈呀！（图2-1-18、图2-1-19）。

图2-1-19　当地乡土树种小白杨

图2-1-20　道路铺装与当地野花色彩相互融合，交相呼应

建工：因为这是葡萄园，所以在日常的管理上，应该满足生产性果园的要求，这方面您在设计的过程中是怎样考虑的？

章：是，我们也考虑到这个问题。在设计之初也考察过一些葡萄庄园，葡萄基本上都是成排成行种植的，每一条作业道路管理一排葡萄。这次设计当初也不例外，平面图中的纵向线形就是这样的作业道路，不过这次是一条道路管理两排葡萄。道路的设计与整体构图是统一的，道路由南向北是平行于中轴的，所以中轴的存在是一个导向，我们所有的场地的肌理完全是保持与中轴是平行的关系。不过如果不说很难从图中看得出来，实际上道路与成行的葡萄之间的距离设计得过大，操作起来并不是很方便。

建工：平面图的斜线有什么寓意吗？

章：虽然在葡萄架上我们没有做什么变化，但是中轴硬景上做了些处理。中轴是长而直的，所以需要硬景的装饰来打破它，不然太长了没有视觉焦点肯定不行，一般焦点是放在轴线的端头，而这次放在了中间。场地纵向有线条，横向没做线条，而是做成了斜向的，斜向的肌理穿过中轴时，有三个交汇点，我们在三个交点的地方做了装饰。这样从斜向道路的两边都能看到这个交汇处的对景，同时又是中轴上的焦点。斜线既打破了略显呆板的平面构图又方便了纵向通道间的相互联系（图2-1-20）。

图2-1-21　场地中不同功能的园路

建工：所以相当于要把景观和葡萄酒的生产过程还有些游赏的功能都结合在一起。
于：对，都要结合在一起。

建工：那么从参观者的角度来看，你认为这个项目最成功的地方是什么？
赵：首先肯定是在设计方面，对于圆形集叶池这一单一元素运用，用最简单的重复手法，实现了最震撼的景观效果。其次，是在材料选择方面，没有做复杂的材质堆积，而是选择了最适当的材料，用最简洁的手法完成，恰到好处地设计。最后，我认为这个项目寄托了设计师的情怀，就拿我印象最深刻的雪白墙壁来说，简单、纯粹、干净，一如章教授一直以来的理念。总之，这个项目给我最大的感受是：不突兀，就像是从土地里长出来似的（图2-1-21）。

图2-1-22　未经修饰的白墙诠释更多的禅意

建工：照片中出现的一处白色墙体的构筑物仅是起装饰作用吗？有没有其他的功能？

章：起初其实没有这个墙，这里是酒庄存酒的地下酒窖的入口，最开始做的就是个过街通道式的台阶入口，因为当地不下雨嘛。但是甲方担心没有顶的话会怕有风沙进去，希望有个顶起来之后有个门关上会比较好。所以就设计了不做任何装饰的入口，像个小方盒子似的，用最简单的白墙，在万绿丛中放一座白色的方盒子，特别简捷同时又起到装饰作用（图2-1-22、图2-1-23）。

建工：听说赵工您是项目建成后才第一次来项目现场，那么当时您有什么感受？

赵：是的，我是在项目建成后才第一次来到项目现场，不过在这之前对这个项目已经有所耳闻，知道是一个很有特色的项目。在赶往项目的路上就一直想象这个酒庄的样子，是典雅的法式庄园，还是大气的美式农场？在心里描绘过无数的画面，真的可以说是满怀期待。但真正走进现场的时候我还是被震撼了，一瞬间大脑像缺氧似地空空如也，怎么也没想到一个酒庄还能是这个样子的。一排高大的白杨树撑起了酒庄脊梁，无数白色集叶池满覆大地，斑驳的树影斜映在雪白的墙壁上，让我站在纷繁的葡萄园中，第一感觉却是最纯粹的“净”。

建工：设计表达语言和场地特性是怎么结合的呢？

范：跟章老师设计新疆项目多年，最大的设计心得就是就地取材，在建造现场使用大量原生自然材料。像河滩石、废弃的石料石条（新疆最不缺的就是石头）在章老师眼里都是宝贝。因为这种材料能与周边的环境能对话，并且相互融合，刚刚施工完它就能带给你历史的沧桑感，使人并不陌生，这是别的项目感受不到的，我们俗称这种叫“接地气的设计”。

项目里种植池材料选择的就是当地石材，粗糙的石料干垒配上质感细腻的拉丝钢材，对比非常明显，视觉效果反差很大。园区里面的小路采用砖进行铺砌，砖的颜色并不统一，有一定色差，在一般项目这肯定是要废弃掉的，但是在新疆这个可以使用。砖的颜色跟周边的野花颜色高度匹配，相互之间衔接得并不做作。铺砖的颜色实际上更像是从百花的颜色中提取的（有点像大学里的色彩构成课），所以说最接地气的设计最能反映当地特色的（图2-1-24）。

图2-1-23　地下酒窖施工现场

图2-1-24　酒窖的地上部分

图2-1-25　新疆本土材质通过设计师的重新搭配组合，完美诠释当地特有的设计表情

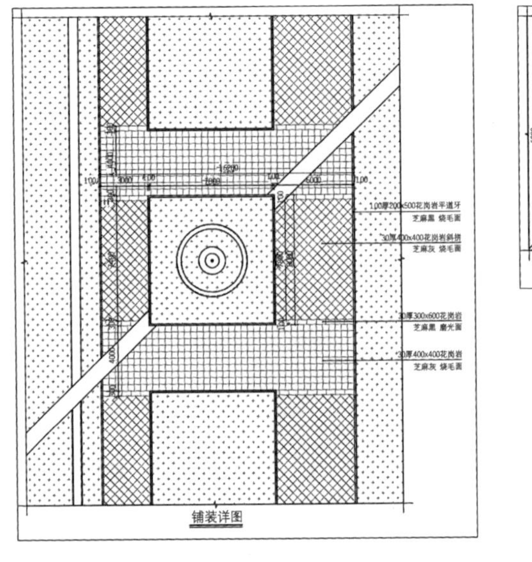

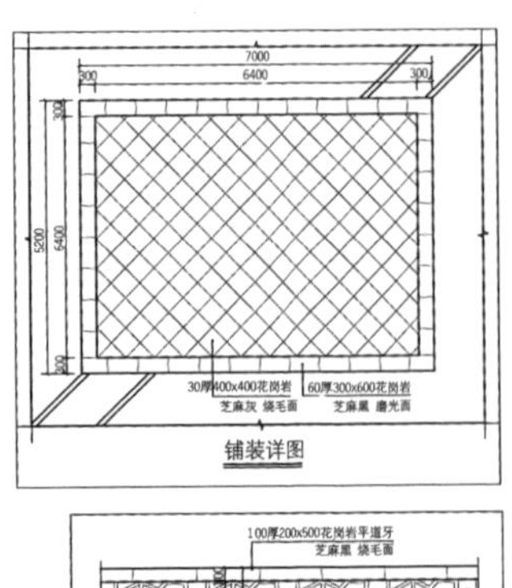

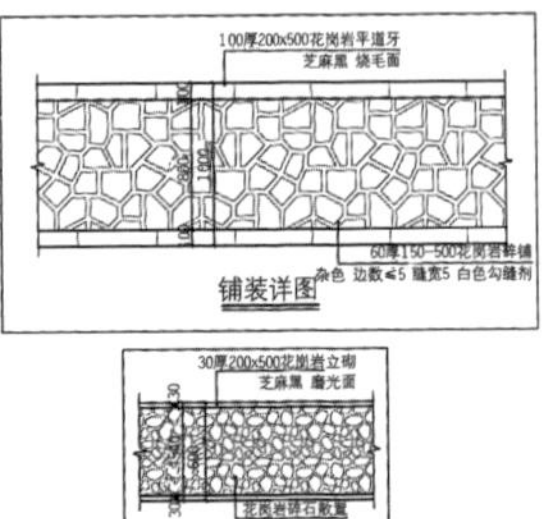

图2-1-26　铺装详图

建工：葡萄藤的支撑用矩阵式排列的工字钢替代了一般的混凝土小柱子，这是有什么其他特殊的考量吗？

章：最早看到场地里的所谓葡萄支架是用混凝土做的立柱，做得特别特别粗糙，如果采用预制混凝土，做得好的话是特别好看的，还是很想使用的。如果让他们专门去加工的话，当地工艺上是达不到的。如果是第一年到新疆做项目的话一定是会要求他们加工预制混凝土并且保证质量，但是通过在新疆三四年的设计实践，知道硬是要求他们的施工技术的话确实太勉强了，在这种情况下只有根据当地的施工水平来设计，后来就找了个相对成型的能买到标准成品的东西来替代（图2-1-25、图2-1-26）。

建工：最后找了什么材料替代的呢？

章：首先希望找个比较挺的材质，场地里面葡萄藤的大部分感觉是柔软的，是没有明确的形状、比较暧昧的小空间，所以需要出现比较硬朗的硬质的东西，这样的感觉会很好。而且当时希望是用工字钢而不是方钢，方钢是柱子而工字钢是两个片加在一起的，会感觉很轻巧，而且随着时间变化，阳光的角度不同打下来的阴影的感觉不同，这个柱子在上午和下午效果会完全不一样（图2-1-27）。

建工：章老师在阴影这个细节也是有考虑的，这个很巧妙。

章：是的，是有考虑的。而且工字钢不是不锈钢，就是希望它未来会生锈，变成锈板的颜色，希望在葡萄庄园绿色里面有点锈红色点缀会更好（图2-1-28、图2-1-29）。

建工：嗯。这个酒庄的作品无论是平面构图还是空间效果都和您其他的设计作品不太一样，甲方当时对设计效果是非常接受的吗?

章：嗯，甲方实际上也不是说接受不接受，因为合作了这么多年之后那次他们是彻底的放手，而且他们也觉得我们是在义务帮他们做这个设计，所以也不好意思说太多的要求，让我们放开做。然而酒庄方面呢，觉得当时是政府给他们一部分资金是在资助他们做改造，也不能提太多自己的想法。正好就打了个擦边球，大家都不提要求，让我们可以自由地去发挥（图2-1-30、图2-1-31）。

图2-1-27　施工过程

图2-1-28　竣工后

图2-1-29　喷灌施工

图2-1-30 飘在绿毯上的集汁池

图2-1-31　随着时间变化，金属钢葡萄藤架的颜色也会随时间的推移不断变化

建工：该项目于工您觉得和其他项目有什么不同么?

于：虽然甲方不会对我们设计有过多的干涉，但其实还是有一定约束的，因为它是个生产型的景观。当时以为那块葡萄地，甲方是放弃了纯做景观的，后来发现酒庄还要使用。做生产型的景观需要考虑很多事情，包括葡萄的种植、采摘、运输，包括地下酒窖的使用，甚至甲方提出我们想要加入一些体验性的东西，希望未来通过葡萄酒文化的推广吸引老百姓过来办活动。要把这些需求都满足就比较复杂了，和其他项目是不同的（图2-1-32、图2-1-33）。

建工：这么多年像这种可以自由发挥的项目也不是很多?

章：是，不多。到目前为止一共做了3个，其中上一本书《合二为一——场地与机理的解读》中介绍的恬园也是相同情况。

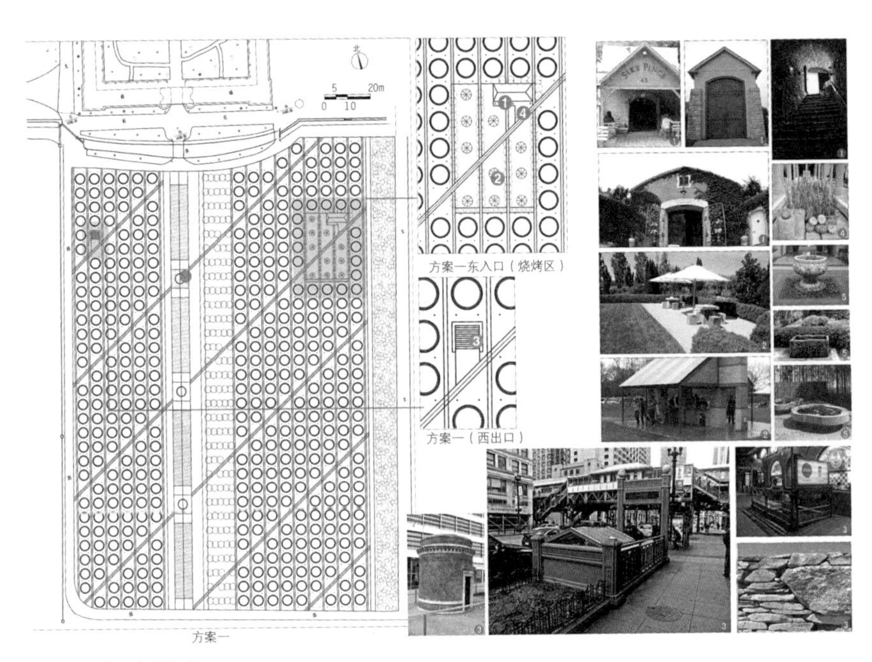

图2-1-32　方案意向

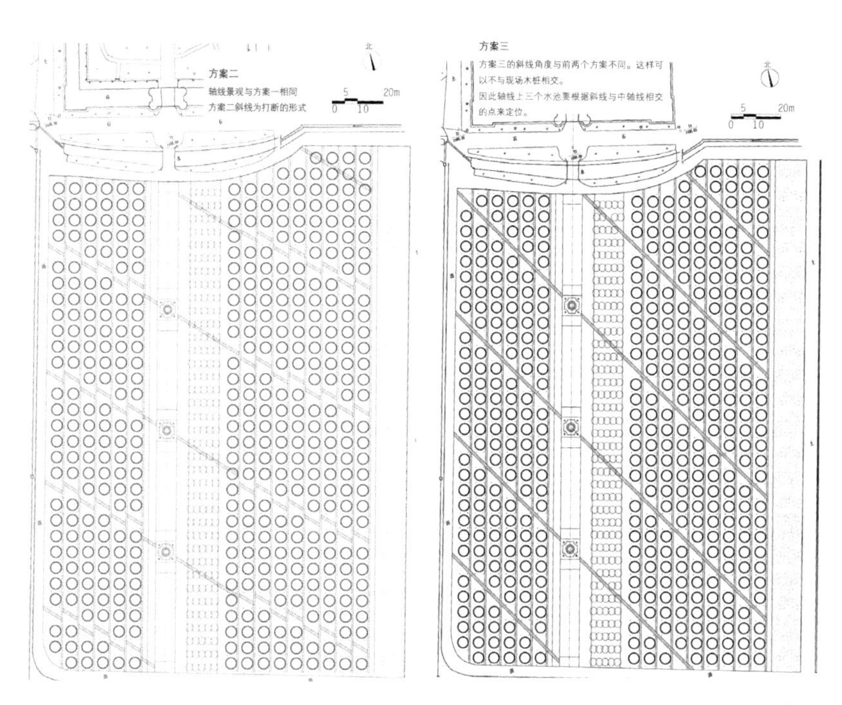
方案二
轴线景观与方案一相同
方案二斜线为打断的形式
北
5
20m
0
10
方案三
方案三的斜线角度与前两个方案不同。这样可以不与现场木桩相交。
因此轴线上三个水池要根据斜线与中轴线相交的点来定位。
北
5
20m
0
10

图2-1-33　设计过程

建工：范工，您关于这个项目设计的定性是怎么考虑的呢？跟以往设计风格类型不大一样，设计之初应该从哪个切入点入手呢？

范：这个问题很好，这些年随着城市的快速开发建设，大量的地产项目成为设计界的“主导力量”，我们也不例外，工作室里的设计项目更多偏地产类型，像市政公园和城市道路设计也会偶尔遇到，但设计方向和指导原则基本上是大同小异，整体感觉上总是缺乏一种原始的设计乐趣和幸福感。当接到这个项目时，我们的第一感觉就是项目本身淳朴得让你无从下手，场地方正干净，多画一笔都是对周边环境的一种亵渎（因为新疆的环境真是太美了，不需要人为的修饰）。在解读完场地后，第一时间在大脑里拼命地搜索相关类型的项目（从事设计多年，职业本能性的，但未必是什么好的习惯），却发现在常规的资料库里你是找不到太多设计灵感的，一切重新开始，得经过头脑风暴换个新的设

计思考模式。

当时章老师也在日本给我们发了些关于葡萄种植生长的资料，以及日本大地景观营造的图片，设计思绪渐渐明朗起来。这也让我想起了王澍先生，王先生的很多设计灵感来源与工匠质朴的劳作以及精湛的传统工艺，只有你了解要设计事物最本质的东西才会做出最诗意的作品来，这也是现在比较流行的一个词“工匠精神”。找准这个切入点，定好设计调性，我们开始着手收集相关资料，像江西婺源的月亮湾、云南罗平的油菜花田、北欧的草场，都是这种诗意性的作品，它们的共性是设计师都是生产一线的劳动者，在生产劳作中寻求自然美的真谛，这种景观我们称之为生产型景观。这次我们也要设计这样的景观作品，把生产劳动与自然结合到一起，用最淳朴最简单的设计手法打造一个诗意的园区。在这里要感谢章老师能让我们参与到这个项目中，体会一下久违了的设计本质（图2-1-34）。

图2-1-34 “成产型景观”的完美呈现

图2-1-35　冬季的场地

建工：最后想请您阐述一下这个作品最具特色的地方是什么？在做这个项目的过程中有什么意外的收获吗？

章：其实这个项目最初确实是出于友情，想推也推不掉，毕竟合作了那么多年。当时第一思路就是要简化，包括后期的施工图工作量也比较少，项目面积不是很小，大概有几公顷，设计图从总图到详图一共不到10张。虽然设计不复杂但是做出的效果并不觉得很"简单"，这里边最大的意外收获就是"简"不等于"少"，实际效果给人的空间感很丰富。现在的项目越做越"简单"，图纸量少得可怜，但并不影响实际效果，事务所的设计师们也觉得不可思议（图2-1-35）。

建工：可能没有那些条条框框的约束最终做出来的效果还是非常不一样的？

章：这个项目和之前做的园博园的设计师园还不一样，那个项目也没有太多约束，但是一直要求要有概念，要有文化的帽子，反映文化的主题，确实比较难做的。因为在国外，时尚流行的现代建筑和景观，它是不赋予空间任何意义在里面，咱们中国的庭园呢总是要求空间要有意境，但是现代景观其实不要求空间具备含义，所以这种碰撞还是有。像酒庄这种不提概念要求的项目还是不多，跟园博会的大师园还是不同，要纯粹，好做得多（图2-1-36、图2-1-37）。

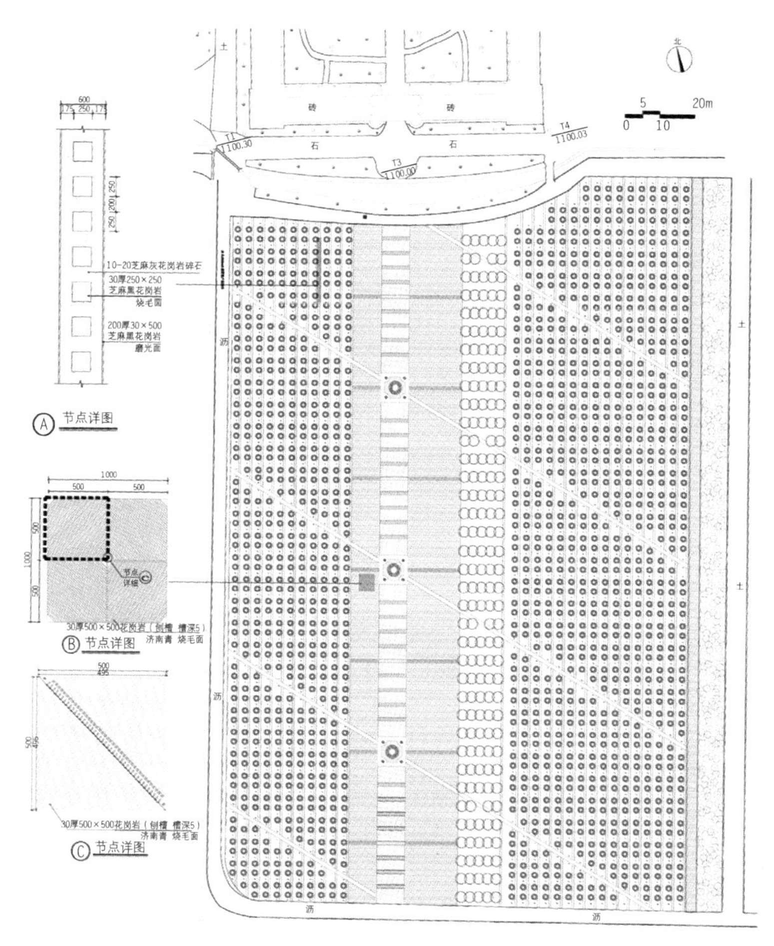

图2-1-36　最初方案

图2-1-37　与雪融为一体的集叶池

图2-1-38　漂浮在绿毯上的游园步道

建工：范工在设计过程中模数化景观构筑物与场地的尺度是如何把控的呢？

范：在中国，传统建筑、园林、绘画，其中一个共通的、可以相互讨论的问题就是“尺度”。造园最基本的道理是《浮生六记》里最经典的八个字——小中见大，大中见小。“见”字，普遍理解为眼睛看，是视觉。通过视觉的传递让大脑中枢产生不一样的感受，这才是“见”真正的本意。所以当你看见葡萄酒庄设计平面图首先第一感觉就是震撼，尺度统一、表达统一、细节统一的景观构筑物，成行成排地重复出现，简单的设计元素无限复制给人的视觉冲击力是最强的，同时给人以冥想沉思的空间，我认为这是整个设计中最精彩的部分。关于具体构筑物尺度比例大小，当时也跟章老师在模型空间里进行多轮推敲，基座多大更合适，更适合场地的需求，更适合生产的要求，这个问题一直是设计调整的主题。记得开始设计时，根据葡萄的生产需求，每株葡萄苗设计一个圆圈，每个圆圈都比较小，一共做了1200多个小圆圈，远看有点像放大了的像素点，做完虽满足了生产需求，但正常人参与性比较小了，空间上只能满足人的基本劳作空间，这种尺度不是我们想要的。重新调整后在这个基础上我们和章老师又做了几次整合试验，最终定义为四株合成一个圆圈，调整后的构筑物尺度在满足生产的前提下给人的空间感觉更舒服，视觉更震撼（图2-1-38）。

建工：今后还会有类似这样随心所欲的设计项目吗？如果有的话，您还会这样大胆地去尝试吗？

章：希望有，当然也一定会有。只要是看自己愿不愿意再挑战这样的项目。设计师的创作是永无止境的，如果再有这样的项目的话，那不用说一定会更大胆地尝试。

建工：那期待章老师的下一个类似这样的、没有太多约束的项目！

章：谢谢！

建工：章老师，几年前就一直想问您这个问题，一个项目从设计到竣工，会碰到很多难以预测的具体问题，您平时又不在国内，项目进行过程中您觉得怎样掌控比较好？

章：这也是很多年慢慢地磨合以后，像在座的长江、于沣、范雷，跟他们都是合作了很多年，已经比较默契了，我说什么他们都能领会。沟通一般都是通过网上，最早是用MSN现在是用Skype，这样的方式基本上可以满足我们的项目把控，当然最好的还是可以面对面坐在一起沟通（图2-1-39）。

建工：也是咱们现在团队建设比较好的结果。

章：如果再早些年，也许这种方式就行不通了。

图2-1-39　极具生命力的新疆野花，不经修饰地成长，完美诠释着自然界的本质大美

有序中的无序

——拜城中央公园（一期）

项目名称：拜城中央公园（一期）
项目所在地：新疆阿克苏拜城
委托单位：新疆阿克苏拜城建设局
用地面积：11.69hm^2
规划设计：R-land北京源树景观规划设计事务所
方案设计：章俊华　高洁　白祖华　张鹏　田鑫　曲威先
扩充+施工设计：章俊华　于沣　胡海波　姚远　朱明茜　薛鹏
专项设计：袁琳（建筑）孙海林（结构）杨春明（电气）穆二东（给排水）
照明设计：R-l and北京源树+上海丽业光电科技有限公司+雷士照明控股有限公司
施工单位：
　　土建施工　新疆七星建设科技股份有限公司207项目部
　　种植施工　山东祥泰园林建设有限公司
设计时间：2011年4月～2012年5月
竣工时间：2013年5月（一期）

拜城中央公园位于拜城新区的最中心，由贯穿南北的中央轴线和东西两侧的环形线构成公园的主体框架。整体空间营造上既遵循城市主轴线规整、严谨的原则和风格，又延续原地块固有肌理的格局，同时创造各主题空间的差异性被确定为此项目的设计策略。

框架：将原城市干道改造成主轴线，完全保留原道路两侧的白杨林，并在中心设置了一座高24m的钢塔，形成全园的绿之轴。沿城市副轴方向做了一条与主轴成19°角的水之轴，充分利用高差将其分为19段叠落的水槽，规整中不失流动的变化（图2-2-1）。

格局：本项目利用56条高低长短不一的条带规整的狭长空间，在延续固有肌理的同时，将原本平坦的场地限定出高低变化的地表。并利用其高差把高处的水有机地回收汇集到低处的乔木种植带中，微细的变化中不失整体的规整。

秩序：在分布全园且规整的条带间，尽可能地做到自然形式的排列、布局。在这里乔木被设定为无序变化的种植，地被花卉也是大小高矮不一的自然组合。同时有意识地保持条带与条带间乔木种类、树形、宽狭、色彩的不同变化，以求随意中的整然。

外红内银的钢塔象征着城市发展如同风华正茂的白杨蒸蒸日上；长约180m的中央广场两侧向外渐高（高差4m）的开敞椭圆形空间烘托了场所的存在；主轴两侧高近30m的白杨林构筑了空间气场；副轴的地面与侧墙的铺装面材强化了轴线的导向；略显奢华的压顶条带既界定了空间要素间的差异，又化解了场地的平坦与单调；每段落差为20~30cm的水槽消化了近4.5m的自然高差，并力争达到水量的最小化及效能的最大化；东西两侧自然环状园路贯穿全园7处不同功能的主题空间，借以满足市民的利用需求。在这里整然、条理、轴线的理性与自由、随意、无序的感性相互交融，极力体现这样一种设计语言——有序中的无序。

图2-2-1　轴线的理性与自由

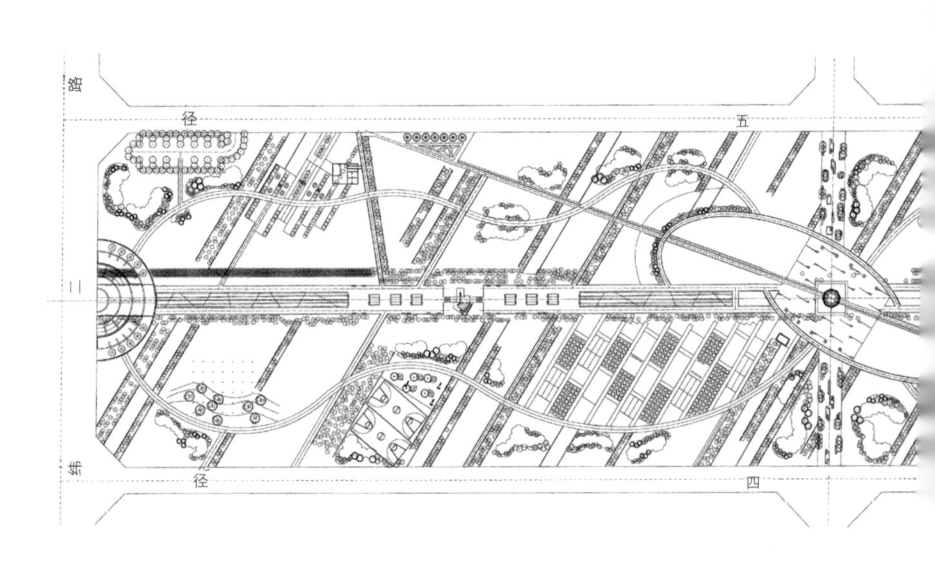

图2-2-2　一期平面图

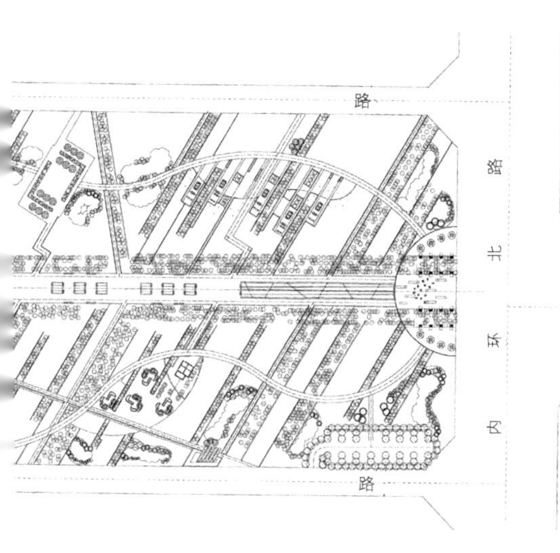
路
北
路
环
内
路

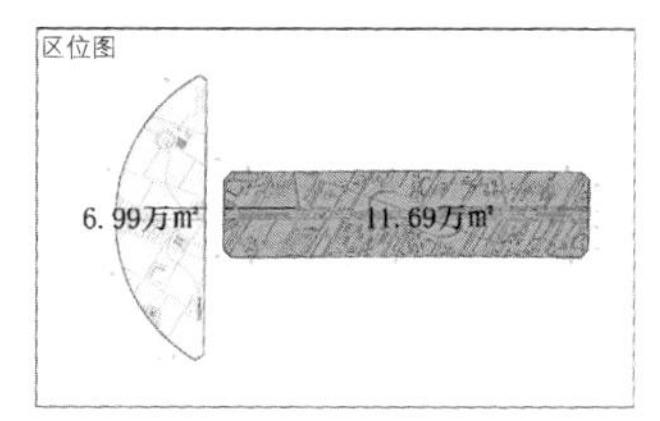
区位图
6.99万㎡
11.69万㎡

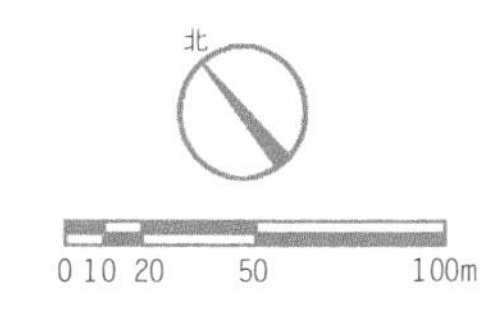
北
0 10 20 50 100m

图2-2-3　场地原有地貌卫星图

对谈人：中国建筑工业出版社（以下简称建工）、章俊华（以下简称章）、于沣（以下简称于）、高洁（以下简称高）

建工：拜城公园从平面图上看是斜线方向的排列形式（图2-2-2），是想要去表现空间的风格吗?

章：当时做的时候也没有特别想做这个空间，拿到平面图以后，让事务所在谷歌上下载地图（图2-2-3），放上去看看现状有没有植被可保留，发现中央公园正好中间是一条路，路两边的现状是农田，所有农田的走向都是斜的。中央公园两侧将来要做城市的商业中心，估计10年后，这片土地原有的肌理就没了，唯一能将原来这片土地的东西能保留下来的地方只有公园了。这就是我们保留斜线的走向（图2-2-4）来做这个中央公园的理由。这里并没有刻意去强调所谓个性化的空间风格，而是为了保留原有场所的氛围才做了这样的决策。

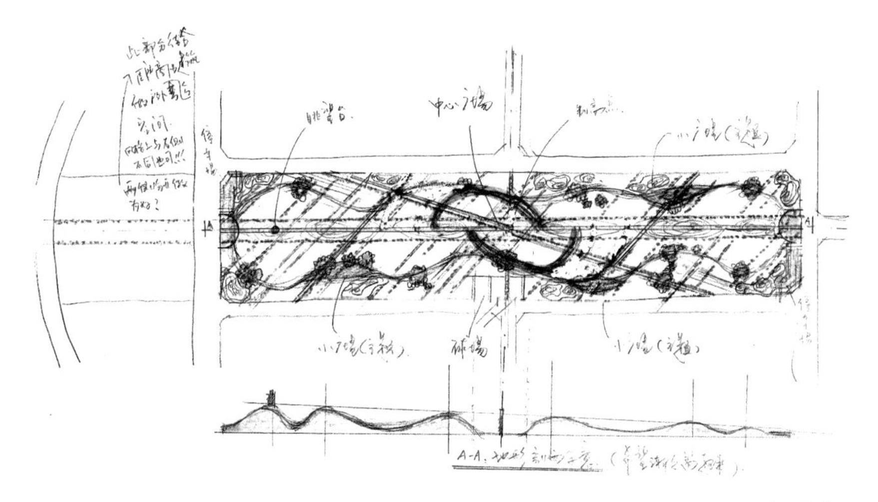

图2-2-4　设计平面草图

图[illegible]林边带强调了种植体块的肌理走向

图2-2-6　种植槽施工现场照片

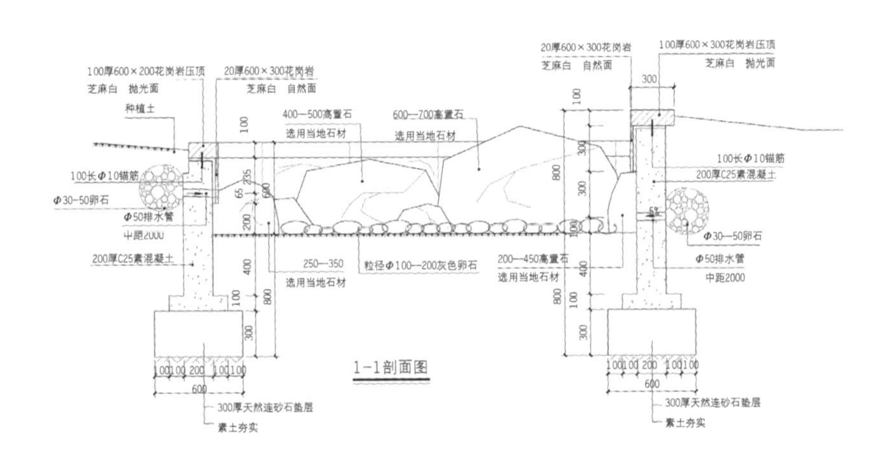

图2-2-7　种植槽大样图

建工：沿着场地肌理设置的斜线分割带（图2-2-5），对于常规的灌溉设施来说很难满足要求，这两者之间是不是有点冲突？

章：对，当时想做肌理，虽然种了成行成排的植物，已经有了肌理的走向，但是觉得光靠种植走向还不够，就在种植边缘又镶了石材边带，每边各10cm厚，效果更明显一点。当时想做得简单一些，但在新疆如果要做装饰边，底下的基础要做到1.5m以下（图2-2-6），这样做会把水源全部截断，影响它的浇灌。好在整体地势属于南高北低，种植带之间是有高差的。我们就在墙里开了好多眼（图2-2-7），浇灌的时候水就能从眼里流出来，顺着地势往下流。外面看不出来，上面看是连在一起的，但底下是通的。

建工：从设计图上看，您做了很多小主题空间（图2-2-8），您是如何处理好空间之间的过渡关系的呢？

章：这个项目做得有点棘手，甲方要求具有城市休闲的功能，所以我们做了很多小的主题空间。实际上这是我特别不愿意做的方式，我们现在做的这种小的主题空间很少。当时因为场地狭窄，周边的用地性质主要是商业，为此做的也比较热闹，加上了很多小的主题。最后感觉并不是特别成功，主要问题是之间的联系不是很强，当时还可以接受，现在来看还应该有更高的提升余地。

建工：这么大的一个空间，基本上没有地形变化，也没有大水面的处理，这对于设计师来说是一种巨大的挑战，请问您为什么要采用这种方式呢？

章：原本想做一些地形，但周边是商业办公的职能区，所以整体定位应该是大型的绿化广场。希望人进来是稍微平一点，很开阔的感觉。同时我们又做了一些树阵，分隔了很多小空间，又是广场，又是有变化的空间，所以这里面就限制做地形。对于我们来说确确实实是比较难做的项目，为什么这么说呢？既不用地形，又不用水，这个项目真是难上加难，可以说是第一次这么做项目，冒了很大的风险。如果一个设计师能把即不用水又不用地形的项目做好的话，那应该是一件非常不易的事。此项目基于各方面条件的限制，存在不少局限性，所以也留下了很多遗憾在里面。

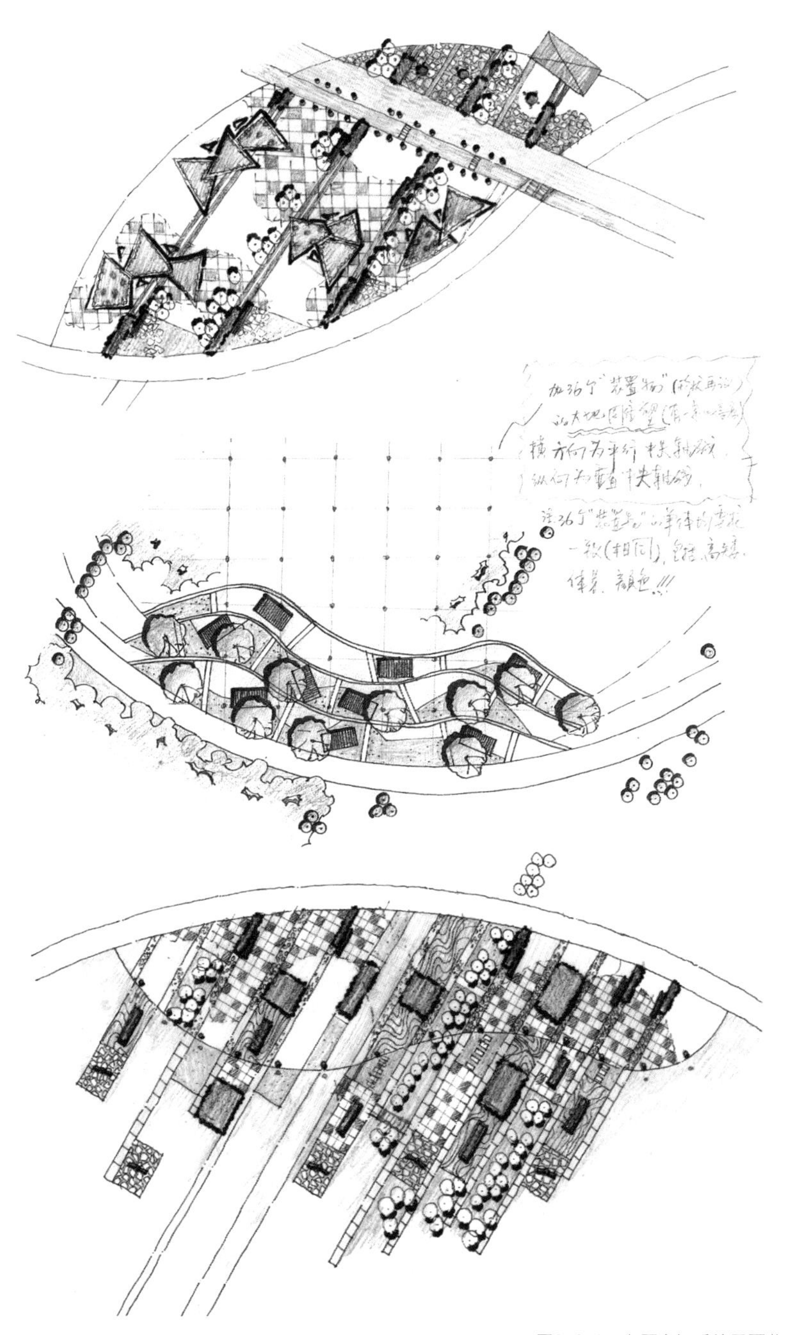

图2-2-8　主题空间手绘平面草图

建工：章老师您的很多项目都喜欢用水，这个项目没有大面积用水，是因为新疆当地比较缺水吗？

章：是，非常缺水。新疆虽然雨很少，但有人居住的地方都有水。其实做的很多项目都用了很多大面积的水面，因为我们的项目多是在水边做的。水面并不是我们特意去挖出来的，都是旁边河里的水，我们能做的只是让这些水在公园里绕一圈再流回河道。包括库尔勒的孔雀公园、和硕的团结公园、博乐的人民公园基本上都是充分利用了现状水。为什么这块地没做水呢？一是因为离水比较远；二是因为拜城河道旁边正在做一个滨河公园。最早是让我们做滨河公园的一半，另一半已经让比较熟的另一个设计事务所在做了。当时我就跟甲方说，都是很熟的朋友，不能做他们的活，这样人家也不高兴，要做就做别的，最后就换成拜城中央公园了。所以呢，那边已经是水了，这边就不能以水来做了，所以难度还是挺大的（图2-2-9、图2-2-10）。

图2-2-9　现状杨树在中轴路的静水面中形成了轻盈的倒影

图2-2-10 钢槽中深沉的水色，强调出了次轴的纵深感

图2-2-11　保留的现状行道树，强化了场所空间的秩序

建工：据说原来中轴线是一条马路，为什么要把它保留下来呢（图2-2-11）？从构图上来看，正好将场地一分为二，给空间的营造增加了一定的难度吧？

章：这个是我们当时最纠结的一个地方。因为在新疆做绿化，一开始的一两年内是没什么效果的，种下去的苗木就只有一个树干，它得长几年。现场唯一有绿的地方就是这条路了，路两边全是高大的杨树（图2-2-12）。这条路确实把场地切成了两部分，如果把这条路去掉，场地就完整了。但完整以后呢，这些树就很难再利用了。所以在这种情况下，最后还是决定把树保留下来作为绿色的中轴。最初，我们想在中轴上做一些地形，地形再延伸到两边，让人感觉这两边是跟地形有关系的，人可以顺着地形的坡度走下去。但是，后来这个地形也没做成。一方面是因为工程量比较大，另一方面这个堆土可能会导致现状树枯死。最后因为这两排树，我们取舍了很多的空间。

建工：这两排树也相当于是这条路上的行道树吧？

章：这样有这个行道树，建成当年至少整体的绿色空间是存在的，它支撑着公园的空间骨架（图2-2-13）。

图2-2-12　中轴路原貌

图2-2-13　板块状的条带绿篱，流动而又安宁的体验

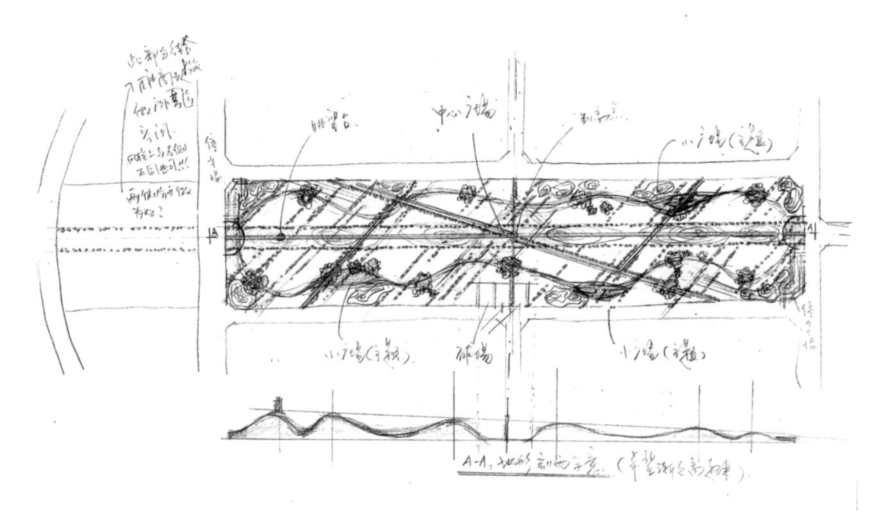

图2-2-14　手绘平面草图

图2-2-15　南入口广场草模

图2-2-16　节点空间草模

建工：听说这个项目的前期设计周期比较短，请问有什么感触吗？

高：这个项目当时挺着急的，设计留的时间比较少。给我印象最深的就是第一次去看现场，是我和章老师一起去的，看完现场，在回来的飞机上章老师就画好了草图（图2-2-14），当时就已经定了要保留原有农田斜线的肌理，保留中轴的大树，包括次轴那个水线的方向都已经画好了，在飞机上就定好了景观结构。等于我们在看现场时，章老师的构思就已经形成了。虽然时间很短，但章老师的设计逻辑性很强，是一步一步推导出来的。后来的方案深化都是在这个大的结构基础上，去做的一些小东西，就不是很重要了。所以方案推进得也很快，通过得也很快。因为做的时间短，所以没有做那些特别炫特别漂亮的效果图。我记得，有一次当地政府说他们要给领导做汇报工作，跟我们要效果图，但实际上我们并没有特意做过效果图，虽然我们搭了模型，但都是为了推敲空间和设计细节，没有刻意在表现上面花时间，后来直接发的草模给甲方（图2-2-15、图2-2-16）。所以我觉得做设计是一定要有逻辑性，有逻辑性的设计比较能立足，不容易被推翻。

建工：除了中央广场之外，场地基本上没有做其他的地形变化，这又有什么考量吗？

章：当时就是因为要保这两排树，所以地形就做不了。但是在中央广场那个地方，正好两边的行道树是比较稀疏的，不是很完整的，而且有些树已经干死了。因为是中央广场，我们希望两边地形慢慢高起来，使广场形成围合之感。地形设计得就像一个椭圆形的大盘子（图2-2-17~图2-2-19），托着中央的广场。当时画的时候觉得很大，建成后发现并不是很大，应该更大一些就好了，留下了遗憾。

图2-2-17　次轴穿过“圆盘”，直达中央塔脚下

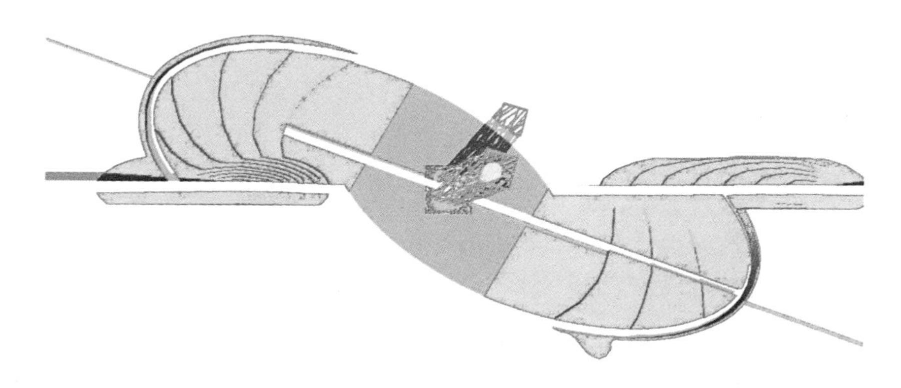

图2-2-18 中央广场两侧的地形，向内围合，如同圆盘

图2-2-19 一条小路顺坡而上，在“圆盘”顶端设置了停留观赏点

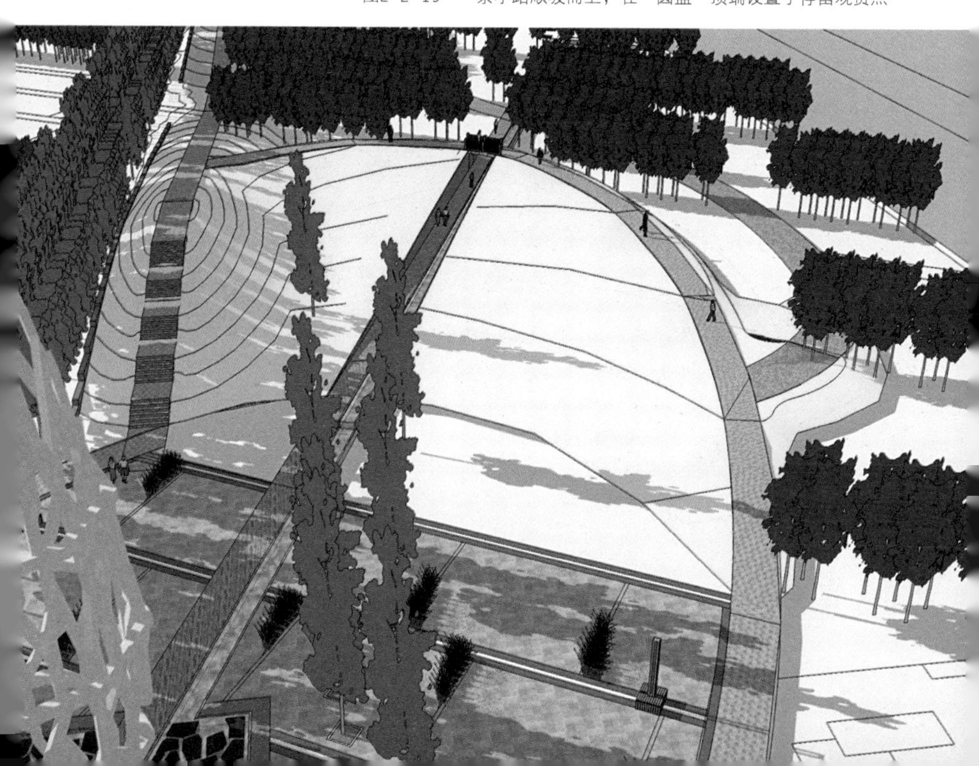

图2-2-20 灯光照射下的钢塔，平和与张扬间的对比

建工：中央广场的塔作为两个轴线的焦点，完成了空间功能的要求之外，造型上有什么寓意吗？

章：当时设计完成是2012年，参考了2008年建成的鸟巢。我们去新疆拜城的第一印象，就是一片一片的杨树林，特别壮观，比所有的地方都多。别处的杨树林主要用于遮阴，而这里还当作木材来利用。

建工：拜城的杨树林面积就比较大，数量比较多了。

章：对，而且基本都是在道路两边，都是经济林。设计中央塔的时候，就取了杨树枝作为设计元素，寓意蒸蒸日上（图2-2-20、图2-2-21）。

图2-2-21　景观塔施工现场

建工：现在场地中央有一条与肌理相反的斜线，是有什么特定的含意吗？还是为了打破这种千篇一律的常规走向？

章：既有一点小小的寓意，也因为一直是同样的形式，确实需要破一下。于是我们选择在中轴线的中部又做了一个反向的斜线（图2-2-22）。这条斜线还有一定的高差，斜线的方向正好是与高程基本上垂直，没有90°，正好是西北高、东南低。这条斜线的方向，穿过原来的轴线后，正对着当地的市政府，跟政府官员汇报的时候，水流从高到低，象征着城市发展如同滚滚而来的流水，蓬勃兴旺（图2-2-23）。并把它作为公园中的水轴，同时也是一种吉利的比喻。（笑）

图2-2-22　轴线设计草图

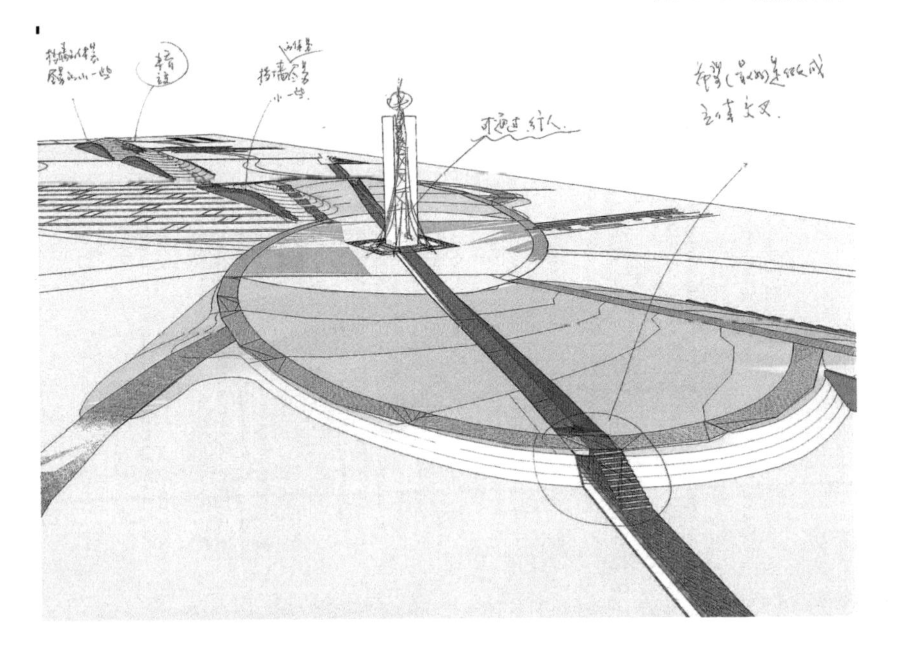

图2-2-23　24m高的钢塔，承载着场地视线的焦点

图2-2-24 水轴施工现场

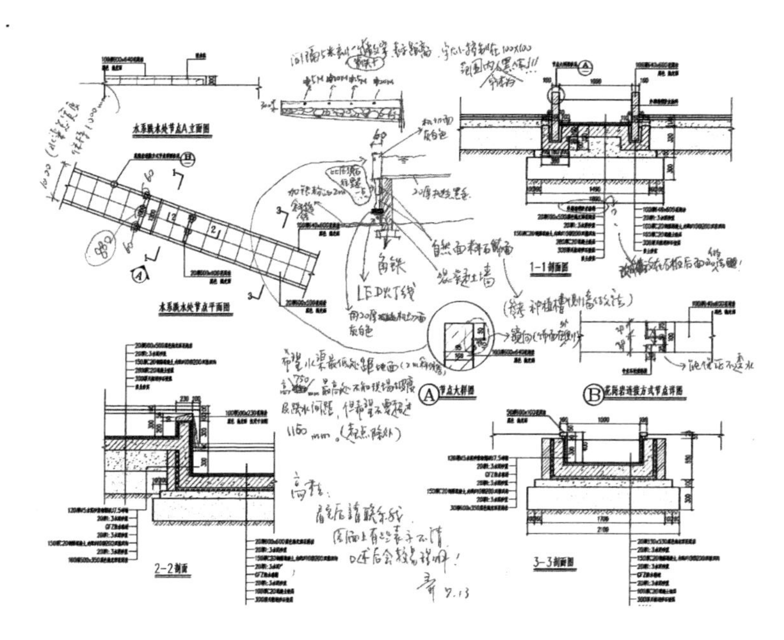

图2-2-25　水轴节点施工图

建工：水轴线的地面铺装及两侧墙体的外饰面加强了轴线的空间纵深感，特别是侧墙的效果，一定比较费工吧？

章：这个真是意外的收获，我和于沣当时经常一起去现场。我们设计的时候没有用那个材料，原本用的是石材贴面。施工队贴的时候费时费力，觉得很麻烦，就让当地的石材厂做个类似的，一大块的，里面有好多镶进去的暗纹感觉。拿过来看了以后觉得真不错，做出来的效果完全超出了想象，当时赶紧就改成了这种材料。我们用的实际上是石材废料，叫边皮（图2-2-24、图2-2-25）。就是采石场切石头的时候，像面包一样把外面切掉之后再吃，边皮就是石头外面那一圈儿不平整的废料。后来这种材料也用到了明园，一直都在用，但是效果都没有拜城中央公园的好。而且当时加工完的每平方米造价也不是很高，这是一个意外的收获，是石材厂家给提供的一种新材料。

建工：厂家以前也这样用过这种材料吗？

章：也很少用。

于：没有在景观上用过，实际上它是石材加工之后的废品，就是加工板材之后剩下的皮，是下脚料。刚好那个下脚料的感觉特别符合我们当时想要的那个效果，而且一下又省了好多加工成本。

建工：之前都说新疆种树都是一根光秃秃的树干，长出树形需要至少2年的时间，但是竣工照片都是当年照的，基本都已成形，是全冠苗吗？

章：因为领导太重视了，这次虽然没用全冠，但基本上用的是没有特别修剪的树苗，当年基本上就能够出效果（图2-2-26）。

建工：一般来说采用植物来做空间要承受不可预测的风险，特别是在新疆最初的两三年中很难做到。该项目是怎样解决这个问题的呢？

章：因为该项目投资有限，我们没有用太多的构筑物来组织空间，只能用植物来做，所以唯一的办法就是密植。按理说这不是一个很好的方式，有很多学界人士也在批判这种做法。但是对于在一线工作的设计师来说，是一种无奈的选择，需要用这些植物来分隔造景。我原本不太敢拿植物来组合空间（之前都是以失败而告终），但现在也想开了，一年不行两年，两年不行三年，一开始有人说不好也无所谓。但在拜城中央公园的项目中，我们设计得相对来说还是比较密，树基本上不算全冠也有半冠，马上就能呈现出效果。而且种的时候完全不是林子的感觉，是按一个体块一个体块来种的，每个体块都具备分隔空间的功能（图2-2-27、图2-2-28）。虽然没有用地形没有用水，但是用植物分割了很多大小不同的空间，这个空间本身就创造了有丰富变化的场所。

建工：像如此密植的植物，后期养护方面经过一段时间后还需要疏植吗？

章：如果去过新疆都知道，当地的杨树林种得特别密，1m一棵，就算长得不是很壮也能长起来。我们种的密度还没有达到那么密，虽然比常规的要密，但也没有太大问题（图2-2-29~图2-2-31）。

图2-2-26 馒头柳形成场地中的绿带

图2-2-27 （上图）林下通透的空间，孕育着“连”与“隔”的交融
图2-2-28 （下图）每个种植体块构成场地明暗空间的变化

图2-2-29 蓝天、白杨、花海，相映成趣

图2-2-30 种植施工图局部

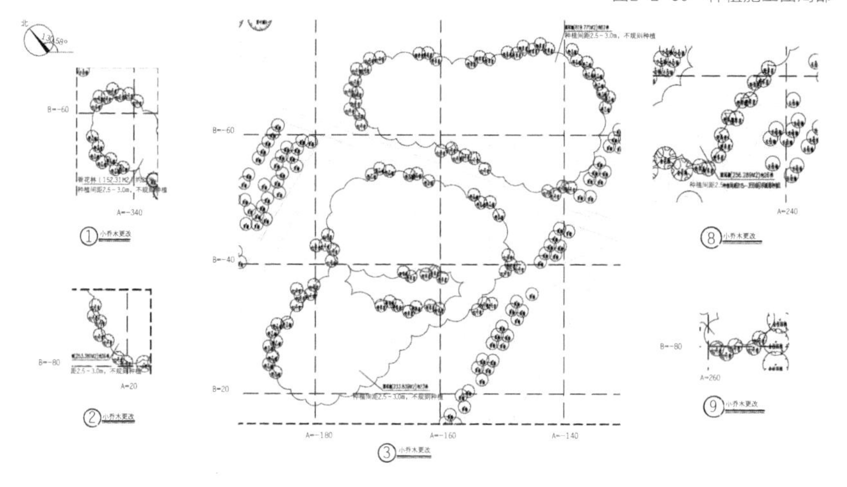

图2-2-31 种植施工现场

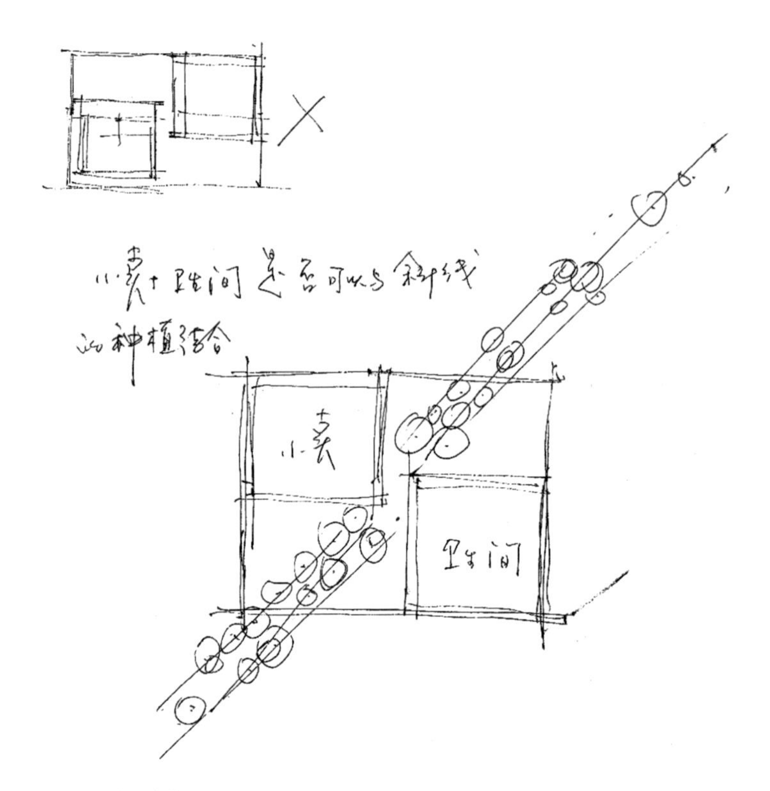

图2-2-32　建筑设计草图

建工：纯白色的建筑在绿地中格外明显，是当地的传统建筑风格吗？

章：不是。拜城的气候虽然不比北疆，但在南疆气候算是不错的。有一些地方还有小牧场，牧场里的牧民都住在白色的毡房里。我觉得做成白色的好一点，比较简洁，绿色里面点缀些白，或点缀些红都好看（图2-2-32~图2-2-35）。

建工：比较明朗。

章：对。

图2-2-33　洒落在白墙上的光影

图2-2-34　建筑院落穿插在树阵之中，将绿色融入内部

图2-2-35　白墙围绕着建筑，弱化了对环境的影响

图2-2-36 散落在绿地中的石板

图2-2-37　镶嵌在碎拼中的置石，营造着场所的氛围

建工：公园中有不少自然面的石板散置在绿地（图2-2-36）或者镶嵌在碎拼铺装广场上（图2-2-37），厚重又很自然，加工费一定很高吧！

章：如果真加工的话，费用肯定高，但是我们用的材料没加工过，是从采石场捡来的，全是不用的废料。（笑）

建工：章教授的项目里有很多这种有创新的材料。

章：也不是创新，就是觉得那些石材扔掉都挺可惜的，做出来的效果也不错。

建工：轴线铺装图案很有特色，当时是怎么考虑的？

于：轴线的铺装就是水泥砖铺的那条主轴，当时这条是现状路，考虑到路面坑坑洼洼的，肯定要重新铺设。设计之初甲方就提出了要求，希望在土建的设计上也能够体现一下当地的特色，比如说民族特色。民族特色如何体现在铺装上呢？就想到新疆本地有一种维吾尔族服饰叫阿特莱斯，是一种线条和颜色特别丰富的布料，就是电视上看到维吾尔族朋友节庆啊载歌载舞时会穿的那种服饰，看起来像Artdeco风格的那种线性的装饰。

章：我们当时还特意去商店买了那个布料（图2-2-38）。

于：对。章老师带我们去了卖布料的小店，一墙各种各样的布料，挑了一个最合适的买回来，按着那个图案做的铺装设计（图2-2-39、图2-2-40），既使用水泥砖控制了成本，也体现了新疆的民族特色，而且铺出来的效果相当不错。

图2-2-39　有限的材料选择组成了多样的铺装纹样

图2-2-38　布料店里挂在墙上的布料

图2-2-40　中轴的铺装模仿了阿特莱斯的纹样

建工：项目中除了水泥砖还有没有用到什么特殊的材料？

于：没有特别不一般的，有的话就是刚才章老师说的石材，我印象比较深。我们当时是希望用页岩来铺贴，这个对工人技艺有要求，而且会费大量的人工。但新疆的人工费很贵，当地无论汉族还是维吾尔族工钱都很高，施工方有点吃不消，他们当时拿出来一块板，说跟你们要求的很接近，看能不能用。章老师问是不是刻意加工的，刻意加工也会很贵啊，他们说这其实是废料，石材加工厂很多，章老师就提出去石材厂看看。我有限的几次去这种很偏远地区的石材加工厂，都是跟章老师做项目。一次是做厦门园博园的大师园，去了福州附近的石材加工厂，在工棚旁边有一坑散落的花岗岩碎石块，我们捡回来用在了日本景观大师吉村纯一先生的作品《梦天》里。还有就是这次去石材加工厂看见的那个板，确实算下脚料。（章：叫板皮）。对，板皮，之前从来没有人在项目里使用过，我们这个项目用了而且效果不错，应该说相当好（图2-2-41、图2-2-42）。后来我们也重复使用了这种东西，回到内地跟别的施工方说用板皮他们都不明白，告诉他们是加工板材剩下的废料他们就知道了，原来是那个（笑）。

建工：很惊喜。

于：是的，也学到了很多东西。

图2-2-41　不同铺装材料的组合

图2-2-42　石材厂的废料板皮，效果出乎意料

建工：园中夜景照明很有特色，基本上忠实地反映出设计意图了吗？

章：严格地讲超出了我们的预期。之前做一些景观夜间照明都是事务所内部在做，这个项目是请专业照明公司设计的。竣工后的照明给景观增色不少（图2-2-43~图2-2-46）。甲方这次单独拿出一笔照明设计费用，等于无形中提高了景观的品质。第一年的感觉还行，但第二年以后维护不当效果会差一点。因为灯具的毁损率比较高，当地有一些人为破坏，不太好避免，现在估计会更差一些。

图2-2-43　夜色中的现状杨树林，演绎着时序的轮回

图2-2-44 （左上图）突出轴线气势的灯阵
图2-2-45 （右上图）衬托出水轴纵深的泛光照明
图2-2-46 （右下图）不同灯光色彩下的钢塔

图2-2-47　入冬前的波斯菊，彰显着生命的强悍

建工：这个项目与其他类似项目相比，存在着哪些本质性的区别吗？您认为最大的特点是什么呢？

章：其实刚才都说过了，最大的特点就是真拿植物去做空间（图2-2-47）。其实我是最不愿意冒这个风险的。但是拜城中央公园跟别的项目不一样，距水源较远，也没有用地形，这跟目前所做的项目存在着本质上的区别。自己做了很多小项目是不用水的，但又不用水又不用地形的项目确实不多。除非像中海油研发中心那样受场地大小所限。像$12hm^2$大小的场地，如果一点不用的话确实很难。但它的特点是遵循原场地的肌理，我们的设计都是按场地的肌理来做，这种空间又不像建筑空间由实体墙围合得那么明确，它即通透又有分隔（图2-2-48），而且大小不一样，每个空间做出来都不太一样，这种感觉应该是这个空间最大的特点（但是不是我喜欢的风格）。

图2-2-48　乔木、地被、散置式的置石，无序中的有序

建工：拜城中央公园景观设计一期就有近12hm²的面积，而且工期又这么遥远，您是怎么掌控工地的呢？有什么秘诀吗？

章：设计团队里，于沣和我配合的时间比较长了，基本上保证每个月去一趟工地，每两个星期要给我们传一次照片。等于两次去工地之间一定要给一次现场照片。我们做的项目都是领导特别关注的项目，领导重视你才能控制住，甲方也会要求你怎么做。这个项目正好领导也很关注，而且施工队跟我们也不是首次合作，所以基本上能掌控得住，虽然当时施工队换了一个负责人，施工水平有所下降。通过这次设计也学到了很多，以后如果再在新疆做项目的话，从设计开始就会结合当地的施工水平去做。而不是说你要达到自己的什么效果，图纸虽然画出来了，但施工工艺跟不上，也是无法实现的。在这方面我们是经历了无数次的痛苦和煎熬。

建工：那于工在项目操作过程中有什么记忆深刻的事情么?

于：项目操作过程中记忆深刻的事情挺多的，因为有很多小插曲。记忆最深的是第一次现场配合的时候跟章教授去现场，当时我们已经完成图纸交底，刚刚开工，现场只做了简单的平整场地。章教授在现场绕了1/3圈之后，突然说，他们这个场地一定放错线了。我当时都慌了，现场能看到的除了中间那条乡路和两大排窜天的杨树之外，只有平整场地翻出来的沟沟坎坎（图2-2-49），这是怎么看出来放错线的? 当时要求施工队重新核一下，核完发现果然整个场地轮廓放偏了，跟我们图面上差了10m左右。在这么大项目里10m也不是特别多，现场也没有什么参照物，我不知道章老师是怎么判断出来场地小了的。后来章老师说这个地块明显窄了，这么窄的地方我不会做两个空间的。当时就觉得，这也太厉害了！我什么时候能修炼成章老师这样，去现场什么都没有，除了那两排30多米的杨树，居然能看出来这场地放错线了。这是我印象最深的，一个设计师得对自己的设计多么熟悉，对空间感的把控得多么准确才能做到这样。

建工：那确实是太厉害了，章老师这种空间感是天生的还是慢慢积累的?

章：其实也没有什么特别的，就是一种感觉，设计师必须空间感很强，对体量的感觉特别敏感。另外对空间的把控也非常重要，如果把控不好空间尺度和体量的关系，做出来的单体设计再好，整体感觉也不会好（图2-2-50）。

图2-2-49　开工前的场地

图2-2-50　收与放的空间对比

图2-2-51　废旧电线杆上的木纹图案

建工：我们发现照片上有原有的电线杆，是设计时特别保留下来的吗？

章：对，当时觉得那个电线杆特别好看，之前发表的照片里也有那个电线杆。我第一次看见很惊讶，它是用桐油刷的，黑黑的木纹理美丽至极（图2-2-51）。后来我跟施工队说，电线去掉也要电线杆留下来。因为之前在孔雀公园有过合作，这个施工队还挺好配合，把场地中的电线杆全部留下来了。很可惜，后来有位领导去看了，说破电线杆子怎么还在？全都拔掉。所以最后还是没有留住，遗憾！！！

建工：再与高工聊一聊，第一次参加新疆地区的项目设计，有什么特殊经验吗？

高：拜城真的是很边疆的地方，已经接近国境线了，这是我做过的最远的项目。当地跟内地的气候区别很大，拜城周边有两条河流在这里相交，说湿润吧，还有很干旱的时候，夏季很热的时候也会缺水，但是发大水的时候还会涝。植物材料这方面不太可能用一些引进树种，基本上用的都是乡土树种（图2-2-52）。我们当时在现场转的时候都在注意看街上有什么树种，也跟当地园林局要了一些资料。包括在硬质设计材料上，也是尽量用新疆本地石材。逛周边景点的时候看到的砖，章教授觉得也可以用。因为章教授做新疆项目比较多，经验丰富，什么东西是不好用的，前期都规避了。与做内地项目最大的区别就是不要想用太多当地没有的东西，因为运费太高。所以我们必须更加深入地了解当地的情况，才能发现一些更好用的东西，让设计的落地性更强。

图2-2-52　乡土树种的复层组合，日常而不寻常的表述

建工：每个项目都会留下或多或少的遗憾，就像您之前谈到的，但是不知有没有意外的收获，如果有能否具体谈谈是哪些收获呢？

章：先谈一些遗憾吧。首先就是中央塔，当时我和于沣还讨论过塔做多高好。想要做24m（8层楼），正常情况下肯定比树高了。当时做的效果图也是这么做的，一大片树林里露出一个红色的塔顶，汇报的时候领导也很满意。但塔建成之后一看怎么这么矮，周边的树比塔高好多（图2-2-53），最少也有三十几米！没想到杨树能有十几层楼的高度。原本想设计一个塔，让它成为整个公园的制高点，结果塔比树矮很多。当时还特意买了测量高度的仪器，遗憾的是那个测量器用到室外，红外线打到树叶上不反应，测不出高度，没法用。最中央的塔没建成制高点，这是最大的遗憾，同时更多的是自责。好似挂羊头卖狗肉的老伙计，骤生罪恶之感。再有就是两个水源我们做了特别精细的设计，都没有表现出来，现在一张照片都没有。太精细的设计当地确实做不出来，包括工艺等各方面的问题。大家都知道要适地适树，其实设计也应该适地适“设”。

图2-7-18 [illegible]

“借”的考量

——中海油总部研发中心景观设计

项目名称：“借”的考量——中海油总部研发中心景观设计
项目位置：北京市朝阳区芍药居
项目面积：3.3hm^2
委托单位：中国海洋石油总公司、北京信远筑诚房地产开发有限公司
设计单位：R-land北京源树景观规划设计事务所
方案设计：章俊华　白祖华　杨珂　李晶　陈一心　赵娜
扩初+施工设计：章俊华　胡海波　杨珂　程涛　陈一心　夏强　陈佳运
专项设计：马爱武（结构）杨春明（电气）白晓燕（建筑）田珊（给排水）
施工单位：世纪恒远、市政三
设计时间：2012年04月～2013年06月
完成时间：2014年5月
英文校对：琳赛·洛特（Lindsay Rutter）

与通常的商业开发模式类同，本项目留给建筑的外部空间少得可怜，3栋大楼加1处水源井已将场地占满，其余的空间也仅够人流或车辆的通行，唯一可集中设计的仅仅是西南角的一块不大的空地和东南角界线外的一块代征绿地。如何将分散的小空间有机整合，在有限的空间中融合建筑的场地秩序，成为必须解决的首要课题，借建筑之力是我们的唯一选择。

首先沿用建筑立面的形式，将绝大部分的地面做成140cm+40cm的条带状铺装，结合建筑的走向，立面角度拼合条带状铺装的细部变化，并在此之上点缀“绿”，将流动空间的使用率最大化。其次，将两块空地做成强调平面构图的户外休闲“静”空间，乔木和地被保持着动与静之间的连通，灌木的栽植寻求通与隔的平衡。最后将所有零散的边缘空间装点成随意，不苛求的绿点，借以缓解硬直、钢挺，略显无趣的户外公共场地。

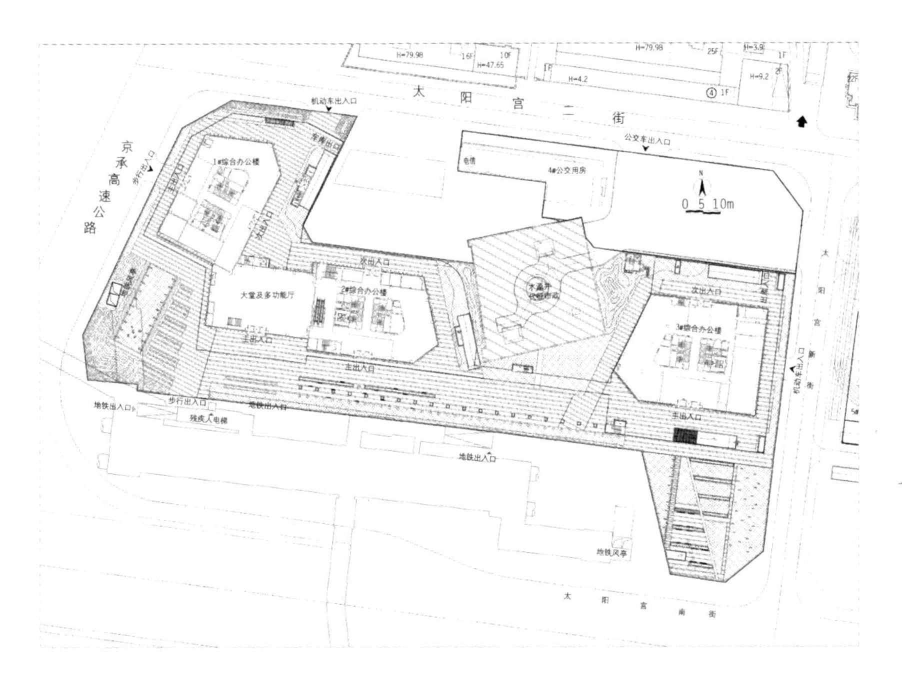

图2-3-1　总平面图

规整、秩序的地面铺装整合了原本零乱分散的场地空间；单边斜坡落地的坐凳，延续了建筑立面的细部变化；主入口前的3排密植银杏承载着主大厅的外部对景；丛生西府海棠营造出缓冲空间的停留氛围；无序散置的长条坐凳提供了不同的场所需求；五组高低大小相异的造型柱寓意着研发事业的里程和光明的未来；微倾的外墙完成了内外高差存在的空间转换；两块集中绿地的平面构图为研发中心创造了不同角度的俯视景观；场地的种植延续了建筑本身的理性；局部微地形起伏化解了单一、硬直的空间氛围；装点的地被花卉为略显呆板的场所增添了情趣。

在这里没有刻意的追求，也没有夸张的表现，更没有标新立异的形体设置，有的只是建筑的承载，特征的延伸和形式的继承。从整体到每个细节的决策，自始至终均贯穿着“借”的考量（图2-3-1、图2-3-2）。

图2-3-2 简朴中的崇尚，节制中的丰盈

项目访谈

对谈人：中国建筑工业出版社（以下简称建工）、章俊华（以下简称章）、程涛（以下简称程）、赵长江（以下简称赵）

建工：中海油总部研发中心这个项目位于朝阳区芍药居，紧邻北三环和京承高速，在这样中心的位置，章老师您是如何考虑，如何着手这个项目的呢？

章：这个项目实际上是在北京三环，三环按理说应该是特别中心的位置，如果是按现在的状况，再做北京市这么中心的地方确实是机会不是很多，所以想要做一些特色的设计，就是去之前一直在想应该怎样着手，当时还没有拿到资料，但是开始这个方案设计时，就尝试用与常规完全不一样的感觉去做。记得当时看到它印象最深的就是那张全景鸟瞰图，全是竖条立面的建筑，但不是很高，矮胖矮胖三个楼，我们觉得必须跟建筑找点关系，成为当时最大的心愿（图2-3-3、图2-3-4）。

建工：场地和建筑相呼应？

章：严格地讲，就是顺应建筑，因为这3个庞然大物已经确定了空间的状态（图2-3-5）！

建工：当初的场地比较凌乱、分散，可以发挥的空间并不是很多，但是您又是从哪些方面开展这项工作的呢？

章：我们刚拿到图的时候，第一件事就把整个场所又重新梳理了一遍，把一些跟这个场所没有关系的地方都整理过来，把很多零零碎碎的边角地也都统合在一起，虽然是一个很零散的场所，都是边边角角，但实际上它真的就只是一个商业建筑，基本上是一个通路，没有宽敞的场地。唯一的稍微宽敞一点的场地就是两块略微集中的绿地，一块是它的西南边，还有一块是东南边，西南边的那块在场地内，东南边那块绿地是代征绿地，就这两块是比较大一点的空间，但说大也不是很大。剩下的基本上是一个通过的空间，通过建筑以后基本上就是薄薄的一个边，没有更多的发挥余地。但我们怎么把这些边角地块利用起来呢，在这方面确实花了不少时间，也想了很多的想法（图2-3-6、图2-3-7）。

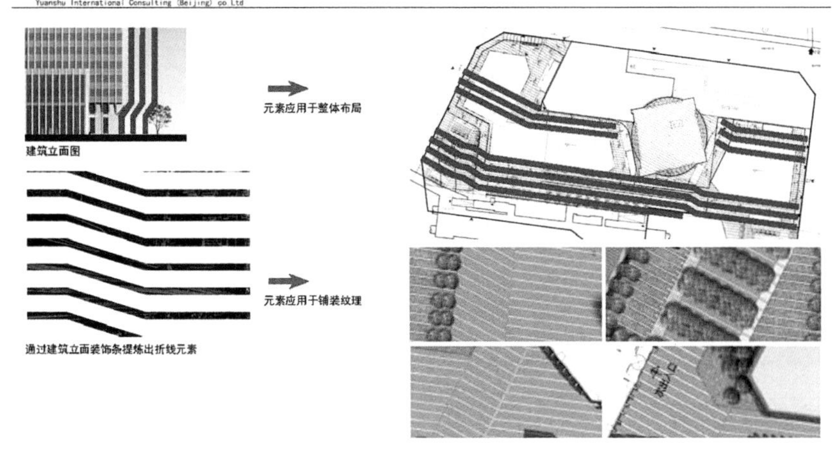

图2-3-3　创意构思图

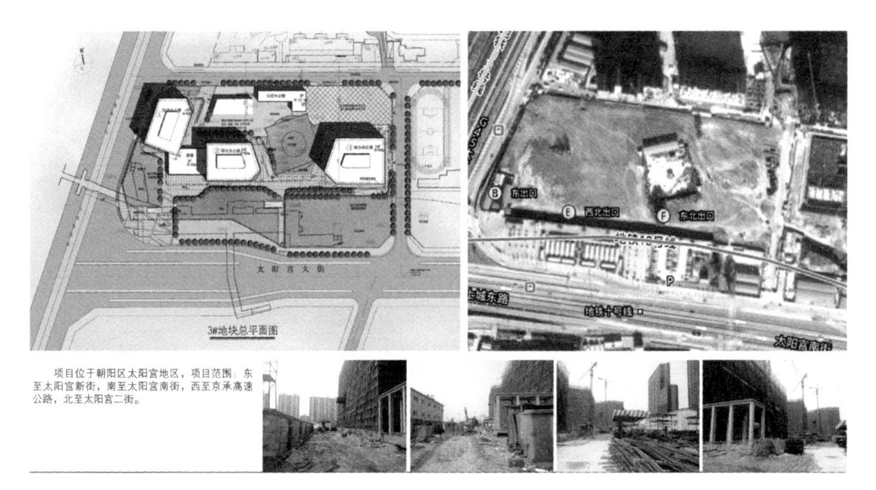

项目位于朝阳区太阳宫地区，项目范围：东至太阳宫新街，南至太阳宫南街，西至京承高速公路，北至太阳宫二街。

图2-3-4　区位分析图

图2-3-5　施工前现场

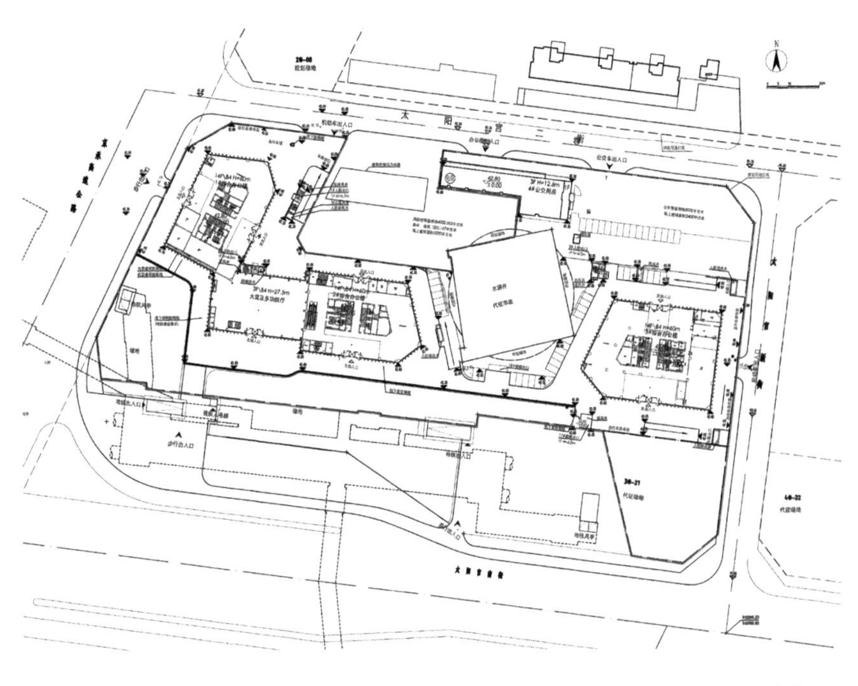

图2-3-6　中海油红线范围图

图2-3-7　中海油第一稿草图

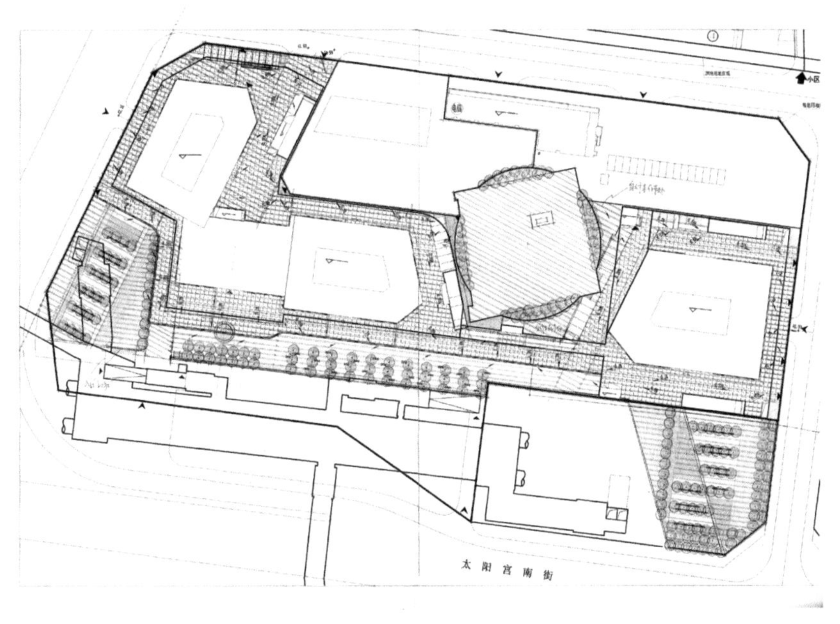

建工：一般我们在中心场地上都会有各种意想不到的景观营造，但是本场地西南中央绿地中没有做任何形式的表现，只是用了一块平整的草地去完成了这个空间的设计，章老师这是有什么特殊的用意吗？

章：这个呢，其实当时我最早那稿画的图里面，中央的地方是做了一片树林，那片树林两边是开阔的，就是两边能看到这个树林。但是在做的过程中呢，因为调了几次稿，最后等于说是调了一个位置，给它镜像了一下，把中间这片树林搬到两边去了，搬到外面去了，由此形成了两部分。两边树增加了一个空间，加了空间以后，在端头那边我们当时是想做一个比较大的主题雕塑，最后没有做这个主题雕塑，取而代之地堆了一个不高不矮的小地形，用两边的绿地空间围合了一个完全平坦的场地。感觉是什么也没做，但实际上呢，在这个特别特别狭长的场地里，这个空间是一个你说怎么用都可以用的空间，实际上是一个特别多功能的、适合各种需求的空间。

建工：就是稍微围合了空间，人在里面特别舒服。

章：应该是这样（图2-3-8、图2-3-9）。

图2-3-8　种植详图

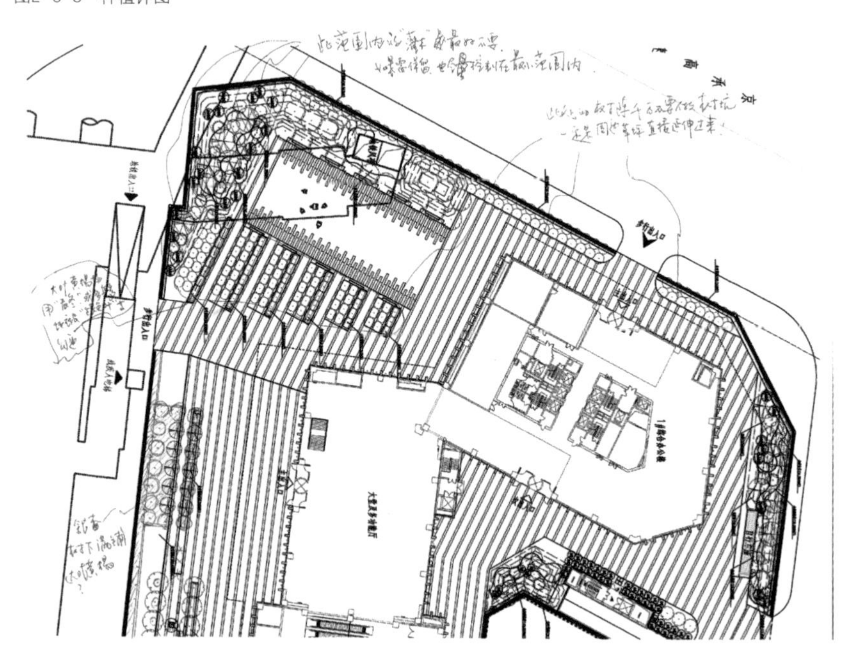

图2-3-9　建筑、草地、园路描绘着空间的神韵

图2-3-10　施工现场

建工：场地当中的乔木种植基本上采用了杨树，一般像此类项目，很难想象甲方可以接受这么多的杨树，这种上不了“大雅之堂”的树种，最终又是怎样落地的呢？

章：对，这个……当时也觉得挺惊讶，因为特别特别喜欢杨树，所以是希望把杨树放到里面。一开始是试探性的，因为这几年一直在新疆做，新疆最有特点的就是杨树，所以对杨树景观有一种特殊的情怀。

建工：杨树的线条特别好。

章：嗯……对。因为北京的杨树长得也好，像毛白杨，长势很好。楼的体量和杨树也比较合适，楼的体量比较大，杨树的体量也很大，空间呢就特别有北方的感觉，当时是抱着试的心态去做的，主要是甲方并没有提什么特别的要求。后来我想了想，那个信远甲方呢，是正好打了一个擦边球，等于这个甲方只是一个开发商，而最后使用的单位是中海油，那甲方等于开发完一个成品，包装连楼带景观做完以后就直接卖给中海油，这样的话呢，甲方当然是希望物美价廉了，甲方是少花钱多办事，中海油买这个产品重点还是在看它的建筑，景观方面就稍微地放松了一点，然后信远那边也不想在这上面投太多的钱。当时我们的设计费也不是很高，事务所内部不愿意做的项目我来做，秦皇岛远洋项目也是快过年了没人愿意做，最后还是我来做。

建工：但是做出的效果一定是甲方意想不到的！

章：反馈的意见应该是这样的，把北京最后一个商业项目又给我们做了!也许说明了这一点。为了这些杨树可费了不少工夫，从选苗，到现场临时调整树间距（加密）最后又全部更换更好树形的杨树……，应该说一般的设计事务所是很难将施工现场控制到这种程度的，也是成败最关键的环节，在此感谢每一位参与项目的设计师们（图2-3-10）。

建工：还想问程工几个问题。代征绿地现状有几株大杨树，做了保留，这个杨树是否破坏了设计的肌理？

程：因为我们最初设计的时候也不知道现场有这几棵杨树，应该有三棵，尺度都比较大，这个肯定会对肌理有一定影响，当时也征求了章老师的意见，我们开始想章老师会保他的肌理去掉这几棵杨树，没想到章老师建议把那几棵杨树保留。

建工：章老师现在改变越来越多了。

程：嗯，我们也考虑章老师的想法是尊重现状尊重自然，于是我们就是对杨树做了保留，它实际上更像一个雕塑，对线性肌理形成了一个强化的作用，跟这个线性肌理形成一个强烈的对比，反而觉得它更强化线性肌理，也加强了这个项目的历史感（图2-3-11、图2-3-12）。

图2-3-11　变换的光影，演绎着时空的轮回

图2-3-12　夕阳下黑白相间的铺装纹理，借的考量

建工：我注意到中央绿地上的草坪广场两侧点缀了一些相对富有野趣的地被植物，这个有没有刻意的说法。

章：你觉得呢？我真的是在刻意地做这个细部，因为它太规整了，就是一个特别平平的草坪，任何地形都没有，就是个方方正正的长方形，如果不做一些小的变化就会有点太呆板了，但又不想做得像自然的花卉撒在里面的“美丽景观”，我们想在很平凡的地方做一些野趣的东西，当时用了四五种地被，但是这四五种地被完完全全是按照非常规整的铺装模数去种的，是被限定在一个范围里面，但我们是希望做得很有野趣，不过当时施工队死活理解不了，说从来没这么混在一起种过，并提出能不能每个方块种单一品种，穿插着种。我说不行，最后在我们的坚持下全混在一起种了。混在一起种虽然感觉很乱，但是范围不是很大，框在范围里稍微弥补了一些呆板的东西，有点野趣，但也不是很过分（图2-3-13~图2-3-16）。

图2-3-13　灌木及地被种植详图

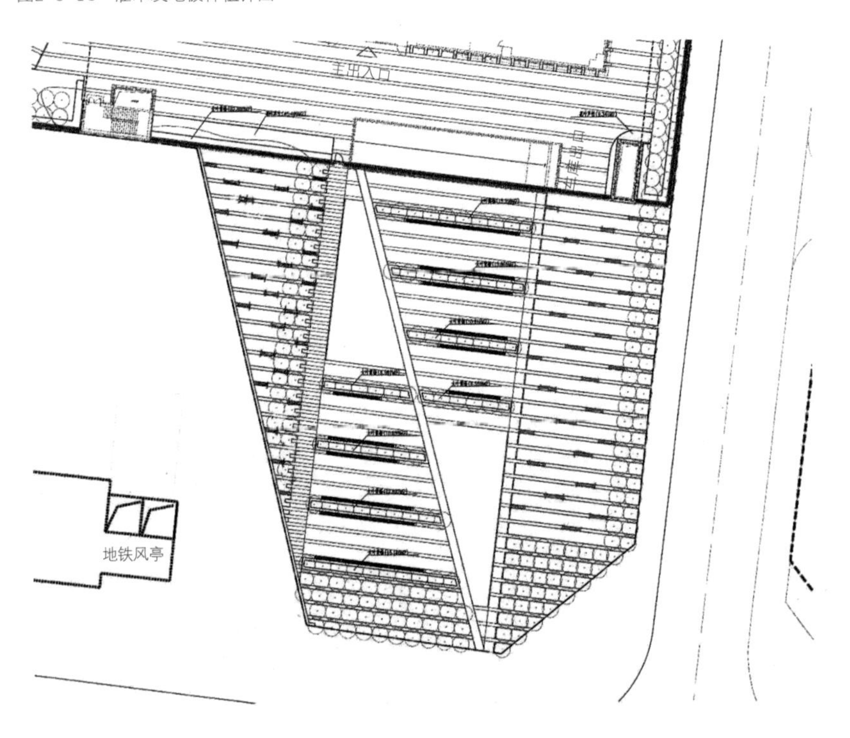

图2-3-14 地面刨槽与种植槽的装饰线，无意中的有意

图2-3-15　从施工到竣工再到建成

图2-3-16　不同角度形式的空间探讨

建工：章老师的项目都是在细节上比较用心的。我们注意到在东南角代征绿地草坪当中有很多处无规则的散置的地被丛，刚一看比较像杂草，细看又不像，为什么要这样处理呢？

章：对，这样做感觉很乱，没有种花，看起来像杂草的感觉，但是我们没有很自由地无规律地去排布，其实我们是有规律的，我们都是按间隔去做，每个间隔是一样的，但是间隔里面的排序是错落的，所以给人的感觉是很凌乱的，很自由的，很无序的，细看呢它又不是无序的，它还是有序的，让人感觉不是很刻意去做的，但是实际上又隐藏着刻意的痕迹在里面（图2-3-17、图2-3-18）。

图2-3-17　地被+乔木的种植，编织着空间的层次

图2-3-18　自由生长的地被，有序中的无序

建工：场地铺装上采用了黑白两种石材，条线角分明，在北京很难用石材自身的颜色去表现，这次采用了什么特殊的方法吗？

章：这个其实是我们的一个小的突破，实际在北京拿黑白石材去做的话，很多地方，纯黑纯白做出来都是灰灰的，但是这次没用黑石头也没用白石头，程涛应该最清楚，用的是深灰的和浅灰的，完全能做出来黑和白的区别，这是我们企业的机密（哈哈哈……）。这个东西呢，表面稍微做了点处理，而铺装完全是按建筑的立面形式。因为觉得铺装要延续，场地又很小，唯一的办法就是要借建筑的力量。因为大部分是铺装，周边都要走人，所以设计的时候感觉跟常规的不一样。常规的是绿地里面加路加铺装，我们是在整个一个大铺装里面点绿，这里面铺装占了很多，其实铺装做成什么样很影响项目的风格，铺装整体风格完完全全是跟中海油研发中心三个建筑整体竖向线条的间隔相对应的（图2-3-19、图2-3-20）。

图2-3-19　石料的选取

图2-3-20　施工现场

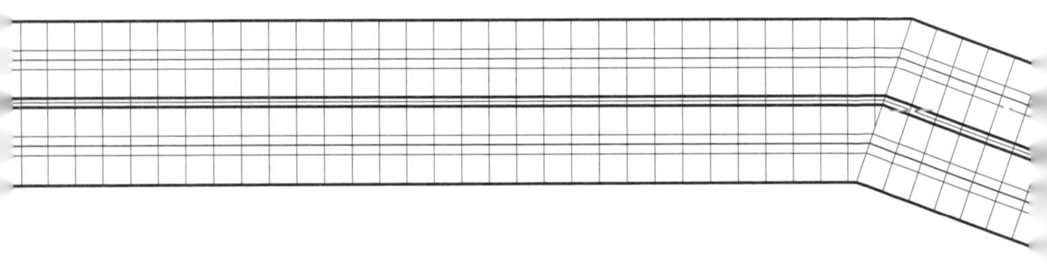

图2-3-21 线形铺装

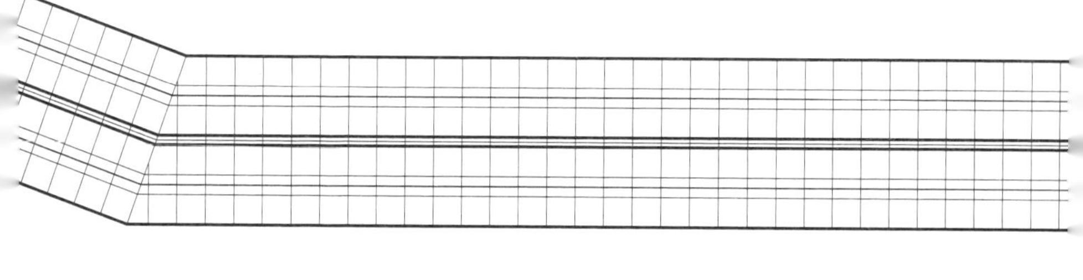

图2-3-22　深灰浅灰的铺砖，编织自然的韵律

建工：铺装其实和它周围的建筑是有很大呼应的。

章：对，我们不光是竖线条，因为建筑底层起来后一个斜坡转上去后，上大下小，底下收一下再斜放再上去，所以我们铺装也是，一直走，拐个弯，再直着走。这个拐弯一是做个小变化，另外也是模仿建筑的外立面，我们是在几个节点上倒了折角（图2-3-21～图2-3-23）。

图2-3-23　毛白杨树阵的设置，营造了动与静的存在

建工：种植池中一般不是放碎石就是满种地被，但是这个项目是碎石中点缀地被，而且碎石并不是成品，好像是用大块板材人工砸碎的，是这样的吗？

章：对，设计时候是碎石，但是当时施工队材料进多了，也不想退，后来就跟我们商量，因为在施工搬运的过程中有破损，又不想给废了，就用废材当碎石用，我当时一直持反对态度，跟施工队说不能这么弄。后来看了现场加工出来的碎石以后觉得还可以勉强接受。但是还是感觉它有些面太平整了，因为它完全就是用板材砸出来的，为了不让机切面太明显就又加种了些麦冬，就是地被，地被感觉是从石头缝里挤出来的，没有特意去种，就像杂草长出来的感觉。实际上我们刻意种了几棵草，但是没有满种，正常的话要么满铺石头，要么满铺地被，正因为石材废物利用后感觉稍微有点别扭，就拿小地被稍微装饰了一下，最后结果就是现场做了一个调整。

建工：真是没想到碎石是这么来的，它也相当于种了地被后把石头比较平整的一面稍微遮挡了一下。听说设计师还做了特制的小品和海上钻井平台的钢架，但是在现场好像没有看到呢？

章：对，因为是中海油嘛，而且它是研发中心，研发中心跟海洋稍微有点关系，虽然整个场地是跟建筑去找关系，但是景观小品和小要素是想跟海洋去沾点关系，就是中海油这个公司。当时跟信远说的时候，信远也答应了，信远也跟中海油联系钻井平台有些更换的零件能不能拿过来，我们想用，但始终没有得到很好的呼应。最后也没有实施，觉得挺遗憾的。因为放置的地方都设计好了，最后还没有放进去，包括一些小品，最后也是甲方以种种理由给取消了。反正这个取消也能接受，外人感觉我们完全不能接受的设计，改动后其实不然。过程中，于沣也知道，只要有商量的话都可以调整，都在调整，而且是在不断地调整，每次去工地都会有大大小小的调整（图2-3-24、图2-3-25）。

图2-3-24　废料的再利用

图2-3-25　碎石中点缀地被，有意中的无意

图2-3-26　一个个照树灯照亮了树种，并照耀着黑夜

建工：因地制宜，而且经过反复多次的调整项目效果肯定会越来越好。

章：我们是这么坚持的，而且每次去工地都有问题发生，这些问题发生以后呢，很难解决的问题，都做了调整。

建工：现场就把遇到的问题都解决了。

章：有的时候料都进了，但是与设计有些出入，施工方已经生米做成熟饭，那时候除了无奈只有再怎么给它美化一下，或者再做调整，让人觉得这种拼图会更好，现场就重新做设计变更，这种设计变更的量挺大的，每次去都有。

建工：章老师找您做设计很省心，材料购买后都能够充分利用，很体谅甲方。

章：我们是苦日子过来的人。哈哈哈……（图2-3-26、图2-3-27）。

图2-3-27　夜景照明延续着铺装机理的秩序

建工：场地中的座椅看起来也是非常有特点的，除了功能之外还有其他用途吗?

章：这个座椅其实超出了我们想象的范围，当初想做座椅时没想做那么贵的，想的是做成贴石板的座椅，但是也不知道为什么这个施工队觉得很麻烦，主动帮我们去跟甲方沟通，说做一个整石的，我们当然愿意了，因为做整石的效果要好很多，没想到甲方居然同意了。因为石材顶面设计的是木条，而且木条是比较宽厚的那种，做完以后的感觉，因为坐凳侧面是斜片的，一会给您看看照片就知道了。那种感觉就不光是座椅了，放在这里面有装饰小品的作用。我们有一些小品但是都没用，我们把这个座椅就当成一个小品来摆设（图2-3-28~图2-3-31）。

建工：接下来我还想与赵工再聊聊。之前参与过类似项目吗？请问你认为和参与过的同类项目相比，此项目最大的特点是什么?

赵：之前也参与过一些类似的项目，我觉得和其他项目相比，这个项目的特点首先是景观设计与建筑设计的结合程度更深，景观设计很好地延续了建筑立面元素，整个项目给人感觉浑然天成，景观与建筑不分主宾、相互映衬。其次是对细节的把握更精确、推敲更深入，大到一堵墙，小到一块砖，都有其说法，既可远观，亦能细品（图2-3-32、图2-3-33）。

图2-3-28　座椅下的灯光，展现了夜的情怀

图2-3-29　渐变中的倒影，构筑着日常中的非日常

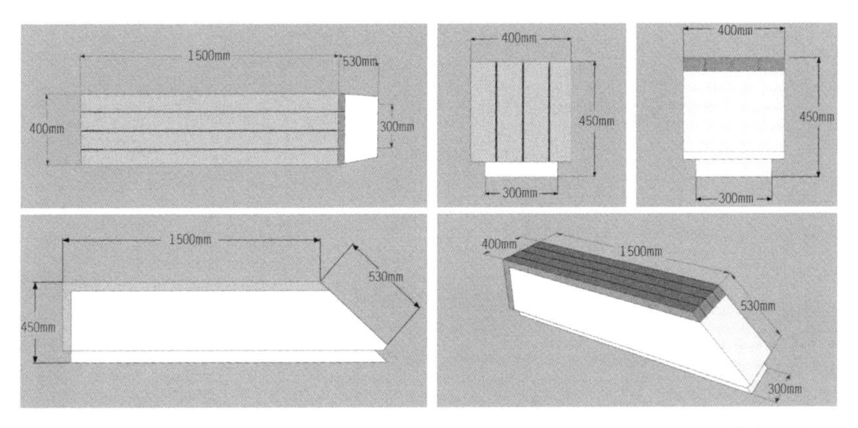

图2-3-30　座椅小品四视图

图2-3-31　远视似品非品 近观克己奉公

图2-3-32　错落分布

图2-3-33　座椅的小品化设计，城市家具的尝试

图2-3-34　外围墙的施工

建工：场地四周的围墙和常规的做法也不太一样，压顶比较厚重，面材的尺寸也不同，变而不显是怎样思考的呢？

章：因为它这个围墙当时四周的高差完全不同，有高有低，里面都是一样高的，外面都是不一样的，在不一样的情况下，我们考虑的是如果是围墙，有很多做法，要么做栏杆通透的，要么做不通透的围墙。这方面我取了个中，也做墙，但做了一个矮墙，实在是不高，是个小矮墙。因为我想在这个范围里面是个比较厚重的东西，进到里面感觉很神圣，所以压顶做得很厚。但又不是雕花，又不是像欧洲那种很奢华，既有很

图2-3-34　外围墙的施工（续）

厚重的感觉，又不是很奢华。墙我们稍微做了点变化，做了斜面的墙，整个墙的板，当时我们设计时是干挂做的，最后甲方还是想节省一点，就做了一个简易的干挂，完后还把那个缝给封上。其实我们希望是漏出缝，这一点是挺遗憾的。但这种东西现场控制确确实实不是很容易，前几年的话我会觉得承受不了，这几年慢慢我也能接受这样的东西，只要是说在我承受范围之内我都可以做一个沟通（图2-3-34、图2-3-35）。

图2-3-35　简易干挂围墙的前与后

建工：章老师看来这个项目的造价还真是很有限的，好几处都是出于造价的考虑，但是效果后来不错。项目场地与外围市政人行道有一定的高差，设计场地界限时在安全性上是如何考虑的?

程：有高差的地方我们将围墙做成了挡土墙的形式，内部用灌木或是小乔木做成多层次的密植，从外面看有丰富的植物层次，同时又保证了内部的安全性，人没法靠近这个边缘，保证了安全。其他高差不大的地方围墙也有一定高度，大概1.8m左右的高度，完全能够防止人进入，保证了安全性。同时这又是景观墙的一个尺度，是一个不是很生硬的围墙的尺度（图2-3-36~图2-3-38）。

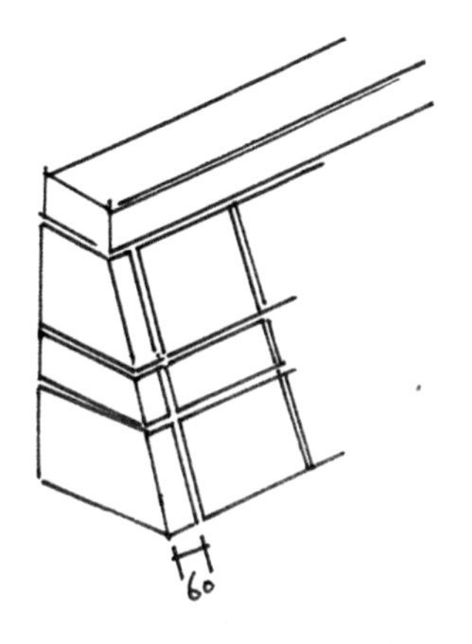

图2-3-36　挡墙草图

图2-3-37　挡墙详图

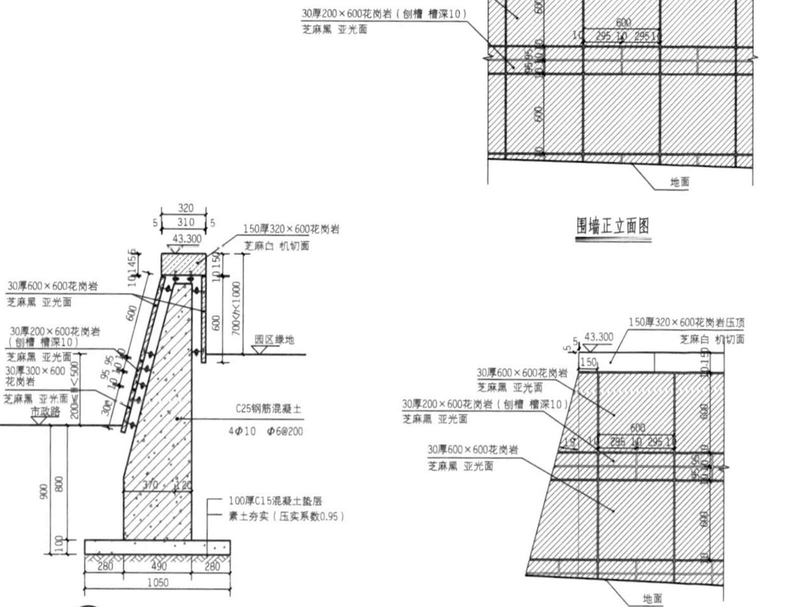

图2-3-38 霞光照射的挡墙，沐浴在橘红的阳光中

建工：据说原设计是有水池镜面，是不是也被甲方取消了，不过北京的气候，有水池的话，后期管理上也存在困难。

章：对，我一开始是做了两处水，严格来说应该是三处，就是镜像的是三处，但后来都取消了。取消了的话，我一开始觉得特别的遗憾，但是到最后自己也想通了，确实做完以后可能当时是好，效果是好，但是从长远考虑的话没准取消会是更好的选择。

建工：那也是考虑到后期管理上，冬季没有水的情况。

章：但是这次取消以后我们完全给做成一个草坪的感觉，我觉得并不是很差。虽然自己刚开始有点接受不了，可能再推敲的话也有其他的选择，这种选择也不一定是坏选择。没准这种草坪的选择也许会比水池更好些（图2-3-39、图2-3-40）。如同一位懦夫，在自圆其说……。

图2-3-39　动与静的连通，借以缓解硬直

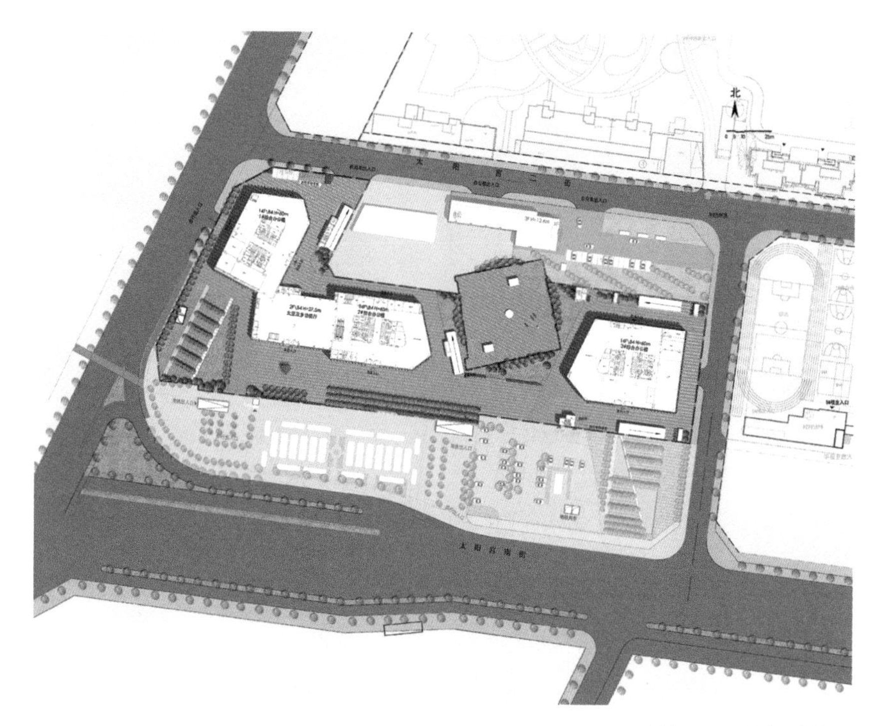

图2-3-40　方案平面初稿

建工：是这样的，包括平时我们做设计，做完后有的时候想改一点，但是也非常的不忍心，当时做出的第一个方案其实是最用心的那一个方案，后面改起来是很心疼。

章：嗯，但改着改着自己也就习惯了，哈哈……也可以承受。现在感觉改方案有时可以当作一件好事来做（图2-3-41）。

图2-3-41　平坦又略显单一的草坪广场，反衬场所的宁静与和平

建工：这个项目可做的实地面积并不是很大，设计周期却用了一年多，与章老师您的其他项目比长了很多，是设计复杂，详图出得比较多吗？

章：不是，恰恰相反，实际上我们的设计非常非常简捷，而且后来我自己也都很惊讶。此作品在日本造园设计作品集投稿时，希望增加一些详图，当时事务所只发过来两张详图，我说能再发点过来吗？得到的回复是只有两张，亲自确认后也确实如此，大家都感到很吃惊。可是为什么设计周期这么长呢？因为当时评审会的时候，有一个老专家（北林教授，也是我的老师），提出来缺少生物多样性，需要修改。首先种植上要有常绿、落叶，还有好多植物品种要换，因为我们种的乔95%是杨树。最后为这件事，包括合伙人在内都给我打过电话，说章老师您赶紧修改一下，怕方案过不去。说来也巧，甲方已经把该项目整体打包卖给了中海油，控制成本成为头等大事，对我们的执意“坚持”置若罔闻。当时负责这个项目的国际组特别有技巧，每次去汇报都改一点，改就改那么一点，感觉每次都有变化，实际上无非是在边边角角增减一些地被花卉什么的，但绕来绕去一年过去了。最后甲方说自己也发觉改了一年竣工后怎么跟第一稿方案没有什么大变化呢？（哈哈……）（图2-3-42~图2-3-44）。

图2-3-42　平面图的调整

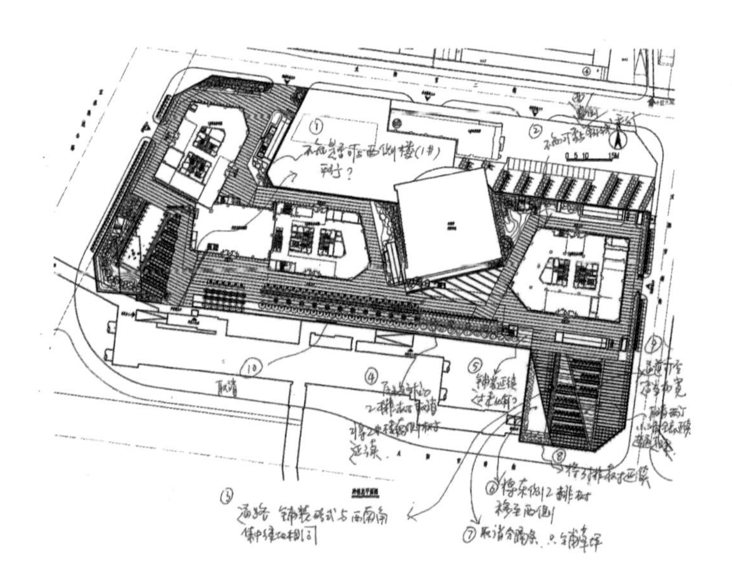

图2-3-43 高耸挺拔的白杨树与[illegible]

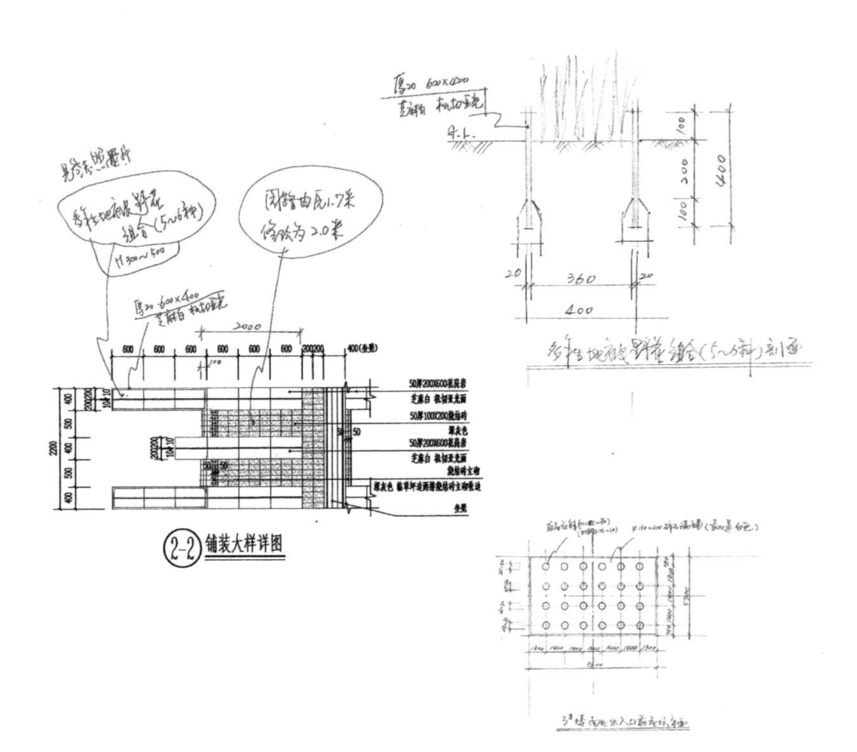

图2-3-44　铺装及种植详图

图2-3-45　角钢栏杆

建工：现状杨树保留下来其实对这个项目的体现还是比较好的。项目里栏杆设计采用简单的角钢和扁钢，形式却很有设计感，设计时有什么特殊的考虑吗？

程：因为这个项目的造价有限，甲方信远开始要求造价不是很高，我们在设计上就尽量采用市场上比较量产的材料，也就是型钢，所以用了两根50x32的角钢，呈中心对称的双L形布置。然后上面用10厚的120宽的扁钢压顶强化了这个线性的感觉，与建筑的竖向线条一致，采用白色的氟碳漆饰面，与项目整体的色调是协调的，在保证造价要求的同时，又非常具有设计感（图2-3-45）。

建工：对于公建类型的项目来说，如何处理好自然与人工的结合应该是每一位设计师都在探讨的一个问题，请问章老师您对此是如何看待的呢？

章：其实我们是挺愿意做这个项日的，因为它的场所特质已定，无须再去塑造，关键是如何恰到好处地提升场所空间性。我个人感觉这种结合的好和坏，能够反映出设计师对项目的理解和自身的世界观。在这方面其实这几年一直在做着探讨和尝试，这个项目虽然也是设计生涯中的一个小小的过程，其实地产项目做得也不是很多，一开始做的是秦皇岛远洋地产的项目，那个项目现在感觉就是做得用劲用过了，做的内容特别多，中海油项目做得就比秦皇岛远洋项目简单得多。再接下来也是信远的商业项目，地点在北京朝阳管庄，反正现在就是越做越简单。要按这种做法的话，事务所后期基本上能裁员2/3（哈哈哈……）（图2-3-46、图2-3-47）。

图2-3-46　铺装施工现场

图2-3-47　虚与实的结合，光与影的交融

建工：（笑）没有那么多详图可画了，越来越简捷。章老师请您用最准确的表述概括一下此项目的特点。

章：这个项目的特点，就是取了一个巧，常规景观设计师都是愿意表现自己，通常把空间独立出来做，也就是当“主角”来做。而这个项目里空间是把建筑空间“借”过来，宁可去做一个配角，因为再想做也做不过已经存在的建筑物，它的体量太大，可做的景观面积又少得可怜，两者融合是最好的选择。设计师都有自己的尊严，都不愿意做陪衬，其实配角有时更能打动人心。

建工：建筑先做好了，在后期跟进景观，现在还是这样吗？

章：当然最理想的是建筑和景观一起做，但现在实际上同步做的确实也不多。再一个，如果建筑和景观同步的话，对于景观设计事务所来说确实承受不了，因为设计周期太长，经营上会碰到问题（图2-3-48、图2-3-49）。

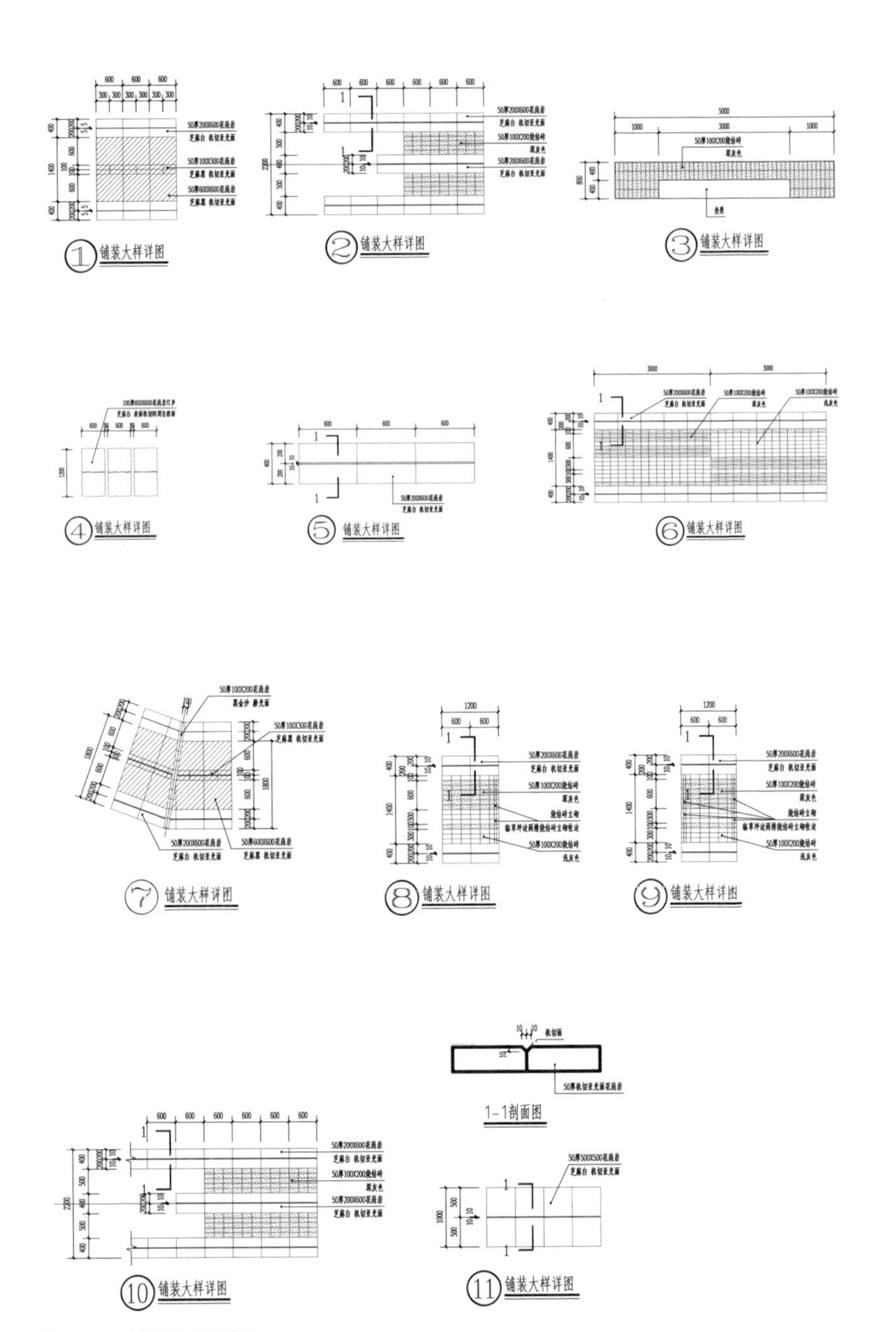

图2-3-48　铺装及小品详图

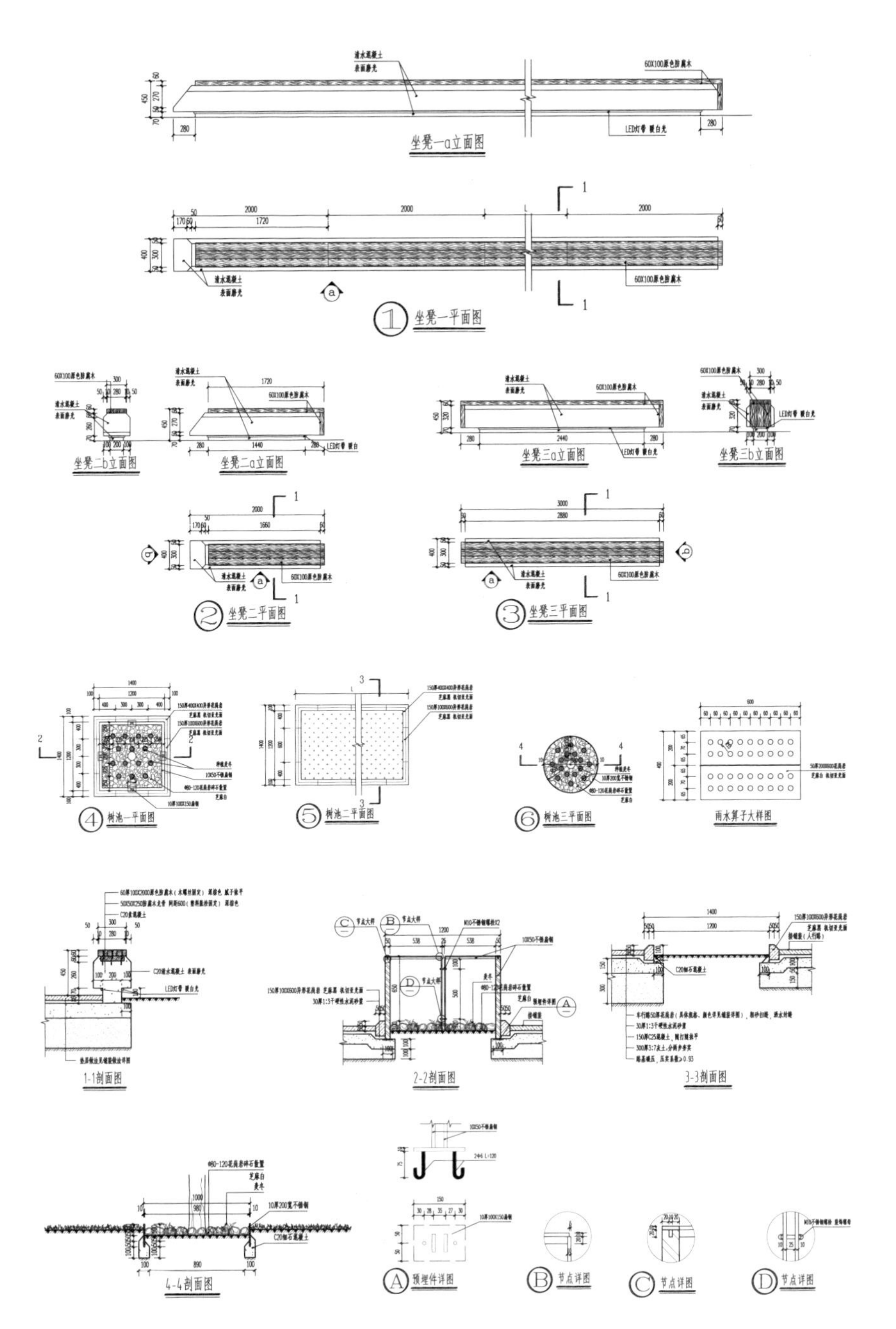

图2-3-48　铺装及小品详图（续）

图2-3-49 无刻意的变换，传达没有设计的设计

建工：您想通过这个项目告诫读者什么呢？或者希望读者从这个项目里面发现什么呢？

章：首先设计师真的是要表现自己，但这种表现有很多方法，一种方法就是完完全全以自我为中心的一种表现，例如艺术家，要做的就是作品本身。通过这个项目，尤其是在已经现存的很强烈不可战胜的这么一个空间的情况下，怎么去让这个空间锦上添花，可以以退待进，为此希望告诉景观设计师们，表现可以有很多方法，其中以弱胜强、以少胜多的都是有可能。

建工：噢，跟场地的建筑有一个延续，有一个融合。

章：对，在日本最大的收获，就是他们希望做最小的操作去表达最丰富的空间，现在已经成为一种普通而又时尚的设计模式。这方面学到位也非常不容易，自己还在慢慢地学。图量越做越少，但也有个极限的（图2-3-50）。

图2-3-50　概念分析图

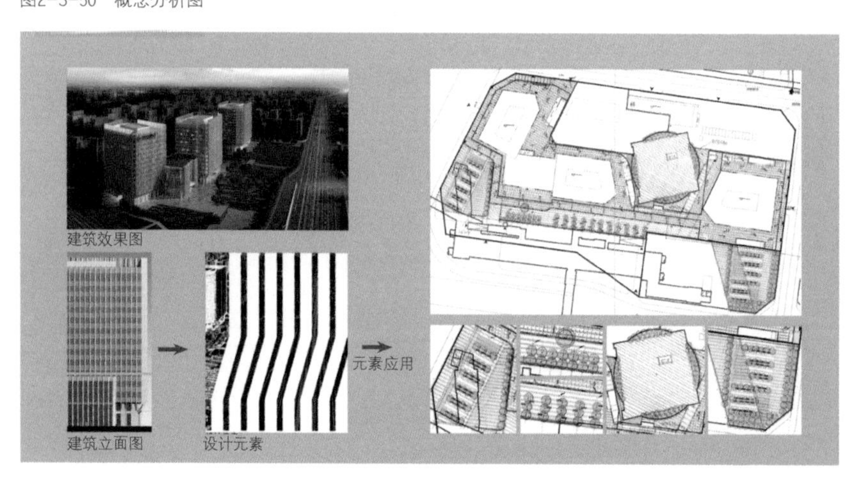

建工：听说您在项目的不同阶段多次来过现场，请问您在各阶段的感受是什么？

赵：我曾在施工后期的几个不同阶段到过现场，我最大的感触是养护管理对景观效果呈现的重要性，印象最深的是在广场第一轮种植杨树，选苗不太好，树干歪歪扭扭，冠形差距也很大，后来在章教授的坚持下把歪歪扭扭的苗移到外围绿地，又更换了更好的苗，但是由于新补的苗枝Y比较稀疏，整体效果并不是很好。后来几次过去陆续看到做了防风支架，修剪了冠形，到交工时已经初具效果。交工之后由于管理比较严格所以没机会再进去参观，直到过了很久之后有机会看到章教授拍的照片，已经是绿树成荫，效果非常好。

众所周知，一个景观项目效果最好的时期应该是完工几年，植物初成气候时。很多项目交工即巅峰，之后就很难再看到最好的效果，究其原因我认为根本在于管理及养护不到位，而我们这个项目的成功，除了设计本身优秀之外，后期封闭管理和专业养护也功不可没，我认为，这也是它能成为经典的重要原因（图2-3-51、图2-3-52）。

图2-3-51　现状树的保留与新植乔木

图2-3-52　绿树成荫，借的考量

后记

终于又快要到本书的截稿日期了，每一个项目都是设计团队共同努力的结晶，从看现场到做方案，汇报、修改、再汇报……扩初设计、施工图设计、施工交底、现场洽商、设计变更……，等等，直至竣工最少也要3年到4年，还有接下来的杂志发表，最后的出版工作，前前后后5~6年是很正常的事情。为此，首先感谢鼎力支持工作的中国建筑工业出版社杜洁、兰丽婷编辑；感谢一如既往地在每项工作中提供最佳支持的R-land源树设计的合伙人白祖华、胡海波；感谢设计团队中始终如一、无私奉献的张鹏，感谢项目组的于沣、张筱婷、高洁、范雷、袁琳、杨春明、杨珂、程涛、陈一心及一直以来结伴出差，“能同甘不能共苦”的赵长江；感谢R-land源树设计参与项目的全体人员；感谢多年来一直给予多方关照与大力支持的沈俊刚。最后衷心感谢本书中收录的3个作品的甲方：北京信远筑诚房地产开发有限公司、中国海洋石油总公司、新疆和硕建设局、瑞丰葡萄酒庄、新疆阿克苏拜城建设局。同时也要感谢项目的施工方：北京市政建设工程有限责任公司、北京世纪恒远园林绿化有限公司、北京秋实林市政工程有限公司、新疆巴州大自然园林绿化工程有限责任公司、新疆七星建设科技股份有限公司207项目部（土建施工）、山东祥泰园林建设有限公司（种植施工）。

正像本书所希望阐述的那样：设计一定是在寻找避免冲突的途径，完成前与后，新与旧两者之间统一绝配的过程及探索一系列判断决策的体系。无论是“基地的延续”还是“自我为中心的表现”，再有就是“借”，选择的途径及判断与决策的体系都不尽相同，有专注的刻画，直白的追逐，也有常规的操作，老套的技法，其最终的目标是读懂人与自然及环境间的关系，并以“形”的形式在空间得以表述，让作品真正意义上的像从这片土地上生长出来的一样——无独有偶。

章俊华

2017年4月于松户

千里千秋——空间与时间的访谈

章俊华　著

江苏凤凰科学技术出版社

国 32 开，191 页，定价 49.8 元，出版时间 2015年6月

从我们的设计范围来看，始终都离不开“尺度”的概念。我们在不同大小的空间场所中，尽情地表达自己希望表达的一切！与空间场所同时存在的另外一个不可缺少的部分，是对时间层面的思考。也就是说不仅要着眼于“现在”，还要展望“未来”，同时也少不了努力挖掘、再认识“过去”并从中获得新的发现。

本书希望通过“时・空”（时间和空间），演绎为书名就是《千里千秋——空间与时间的访谈》，来讲述著者渴望表达的世界观，更确切地说是对设计行为的一种态度。

本书分为以下两部分：

“陋言拙语”部分选入了15篇小文章,其中有随笔杂谈,也有相对书面语的庸说浅见，但均不希望离开轻松、通俗、快活的共享。也可以说是著者现阶段还未完全成熟的思维方式的一种传递。

“吾人小作”部分选入了 3 个项目，通过细小的环节叙述表达了这样一种认识：设计并不像外界想象的那么“高大上”，也没有那么神秘和深奥。如果设计师能崇尚俭朴，同时又能高尚地、谦虚地生活，那么其作品离被大家公认为好作品的日子就不会太远了。

合二为一——场地与机理的解读

章俊华　著

中国建筑工业出版社

国 32 开，225 页，定价 58.0 元，出版时间 2017年1月

当我们接手一个项目的时候，会有很多不确定因素始终伴随着你。实际上将所有出现的因素都很好地消化、理解，最终得出一个无懈可击、完美无缺的作品几乎是不太可能的。所以说唯一的方法是学会“放弃”，也就是做减法。这就是本书的书名：合二为一，将复杂的事物简单化。

本书希望向读者传达这样一个信息：每个人都有成为“大师”的机会，只要你能处理好这些因素间的关系，其最好的方式是做减法，并将其“合二为一”。

本书分为以下两部分：

“陋言拙语”部分选入了 15 篇短文，这些都是一名设计师成长过程中的经历，有些看似与专业无关，但实际上它都与专业存在着千丝万缕的间接联系，并构成和反映了设计师本人的世界观。

“吾人小作”部分选入了 3 个项目，每个项目也许有很多不解之处，也留下过无可挽回的遗憾。设计用语言表达也许太难，可以简单地概括为：首先要学会“放弃”，其次是把没有“放弃”的部分做到极致，但实际做起来可能也不会太容易。